陈积芳 / 主编

智慧

老 年 健 康 生 活 丛 书 （第一辑）

理财

方 慧 / 编著

上海科学普及出版社

老年健康生活丛书编辑委员会

智慧理财

序 言

　　岁月流逝如滔滔江水，从朗朗童声和青春风茂之美好年代，转眼进入雪鬓霜鬓、步履蹒跚的老年。今天的老年人，为建设城市与家园付出了辛勤的劳动，理应健康安享晚年。每位经历人生光阴似箭的朋友，你感慨当今的变化吗？你珍惜眼前的生活吗？你回想过往的岁月吗？当你感到生命的航船可以平稳舒适地驶入又一番风景的港湾中，当你品味美好晚景夕阳红满天时，会有更多新的需要，新的念想。你想学习，可能会遇上陌生的问题；你也许会忧虑，因为你已展开又一个生命的重要阶段——老年。

　　上海这样一座2 400万人口的国际大都市，富有创新活力和文化底蕴。由于生活水平提高，医疗资源相对丰富，人均寿命增长，老龄化深度发展。60岁以上的老年人已达到33.2%，百岁老人占比达7.8‰，上海已进入国际标准的长寿城市。平均寿命达83岁，在国内仅次于香港。老年群体的各种需求势必越来越多，这是客观的存在。

　　正如老百姓说的俗语：金山银山不如健康是靠山。幸福的晚年生活，健康是第一条。而健康是老年人面对的最基本的大事，涉及老年阶段方方面面的综合知识、生活方式以及社会服务。比如，发达国家研究长寿课题并得出的结论，第一条就是晚年要有较好的社会交往活动，水、空气、睡眠和营养是基础保障，和谐适当的社会交际活动才是老年人生得以有内在动力的根本保障。因而唱歌跳舞、学用智能手机、旅游观光、含饴弄孙、莳花弄草、书法收藏、摄影交流、散步疾走等文娱活动，都是对老年健康有益的。

随着互联网科技的迅速发展和移动通讯的广泛使用，老年人想要跟上形势，学习新技能。如熟练使用智能手机，学会网上支付水电费、买快餐、订电影票、购买日用品等。

老年人饮食营养的保证很重要，易吸收的优质蛋白质、不饱和脂肪、新鲜蔬果中的维生素纤维素、转化能量的碳水化合物等，均要安排得当，科学合理饮食。这也是防治老年代谢病的重要措施。正所谓：管住你的嘴，学问真不少。

老年人的生命活动逐渐衰弱，有一些疾病"找上门来"也属正常，医疗与护理及保养都很重要。血压、血糖、尿酸指标，要了解这些基本常识，学习自我保健知识，建立健康管理理念。

说到老有所学，日新月异的科技创新的成就，也是老年群体所关注的。比如中国空间站将在太空的遨游，彩虹号深海潜水器，大口径射电望远镜，北斗卫星体系组成通信网络，5G信息科技传播的先进标准，量子通讯的安全原理，石墨烯材料充电新技术等，普通市民关心这些话题；老年人群，尤其是有深层次精神文化需求的老年人更是愿意与时俱进地学习。保持学习新知的好奇心，是心态年轻的标志。

更广义地讲，老龄产业是黄金产业。服务软件、营养饮食、老年教学、文化娱乐、康复辅具等方方面面，与老年人福祉相关的各类产品的设计与生产，急需资金和研发，并加以推广。

夕阳无限好，只是近黄昏。年老之人应修悟宁静淡泊的心态，保持慢节奏的生活姿态，从容不迫、优雅舒坦地过好当下的每一天。这需要有平衡的心理与情绪，预防可能发生的忧郁或焦虑的心理疾病。步入老年阶段，坦然面对衰老，平安幸福地过好晚年生活，我们每一位老者都准备好了吗？

为了关爱老年读者群体的精神文化生活，为他们提供更为广阔的视角和思考空间，乐享健康，乐享生活，智慧养老，科学养老，上海科学普及出版社精心策划了"老年健康生活丛书"。邀请各领域富有经验的专家学者为老年读者精心打造，第一辑推出《阳光心态》《经络养生》《健康管理》《老少同乐》《智能生活》《家庭园艺》《法律维权》《旅游英语》《科普新知》《智慧理财》共十种，涉及老年人群重点关注的养生保健、心理健康、法律法规、代际沟通、社会交往等主题，精心布局，反复研讨，集思广益，从老年读者的视角，以实际生活为内容支撑，通俗易懂，图文并茂。可以相信，"老年健康生活丛书"一定能服务于上海乃至全国的老年群体，发挥积极的科普和文化传播作用，为促进国家老年教育、老龄事业的发展做出应有的贡献。

陈积芳

2018 年 8 月

目 录

第一篇　理财概要

老年理财　保值增值 / 2

智慧理财　稳字当先 / 12

第二篇　银行理财

银行储蓄知多少 / 20

银行理财有风险吗 / 38

第三篇　基金及有价证券理财

认识投资基金 / 50

债券面面观 / 62

股票理财技巧 / 80

第四篇　信托、外汇及黄金理财

揭开信托和保险的面纱 / 100
外汇投资　以小搏大 / 122
黄金理财 / 133
跨入互联网理财的大门 / 143

第五篇　其他理财

投资房地产 / 168
遗嘱继承 / 180

后记 / 199

第一篇

理财概要

防老·规划

老年理财 保值增值

　　21世纪是人口老龄化的时代。国际上通常的看法是，一个国家或地区60岁及以上老年人口占人口总数的10%，或65岁及以上老年人口占人口总数的7%，就意味着这个国家或地区进入老龄化社会。

　　全球正在步入老龄化阶段，几乎每个国家的老龄人口数量和比例都在增加。据《世界人口展望：2017年修订版》的数据，到2050年，60岁及以上人口数量将增长两倍

▼ 中国65岁及以上人口数量及占总人口比重的变化趋势1950年～2100年

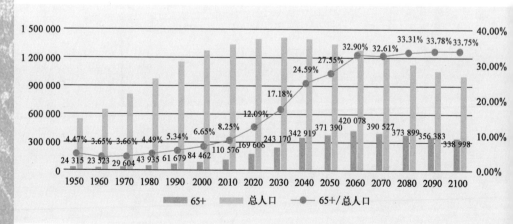

多，到2100年将增长三倍以上。我国60岁及以上老年人口正在以年均3.2%的速度递增，可能将由2017年的2.41亿人上升至2050年的4.8亿人。我国将进入严重老龄化时代。人口老龄化

老龄化社会养老压力大 ▲

不仅是老年人自身的问题，它更会牵涉政治、经济、文化和社会各个方面，可能带来一系列问题，如儿女负担加重、社会文化福利事业的发展速度赶不上老龄化速度，医疗保健、生活服务的需求增强，等等。

　　基于当前经济发展模式，传统的"养儿防老"已经不能适应现代社会养老服务的需求，在人口老龄化状态下，老年人必须努力树立理财意识，以主动、创新的姿态涉足金融市场。

培养财富意识 ▲

老年人有必要做好理财规划

老年人的老年生活中，注重养生保健是很重要的一个方面，同时，投资理财自然也是不能忽视的重要部分。老年人规划好个人甚至是家庭的财富，不仅是一种健康的生活态度，更是一种生活时尚。尤其是当下随着金融理财概念的不断深化，很多原本并不有意理财的老年人纷纷在晚年踏上了理财这条路来增加财富。

俗话说得好——"你不理财，财不理你"。积极投身理财市场，选择适合自己的理财产品与工具，寻求财富保值与增值，以确保和提升晚年的生活品质，使自己的晚年生活更加美好。因此，老年人参与理财活动不仅十分重要，而且十分必要。

第一，理财是老年人社会养老保障的有益补充。目前我国社保具有广覆盖、低保障的特点，因此仅仅依靠社会养老保障，还不能满足老年人对较高品质晚年生活的需要。

据中国老龄科学研究中心2010年全国老年人跟踪调查的老年人收入构成统计结果显示，城镇老年人社会保障水平没有达到居民平均收入水平，而农村老年人社会保障比例和水平均处于很低的状态。

众所周知，老年阶段属于慢性病、重大疾病易发时期。医疗保险仅能保障部分医疗费用开支，老年人自己仍需承担一部分医疗费用。同时，进口药物和一些治疗重大疾病的药物一般并未纳入医保可报销范围而需要自费，而此类药物的价格通常较高，对老年人经济负担较重。因此，老年人想要获得较高品质的医疗服务，过上更高品质的晚年生活，除了在职时存钱做投资并积极参加商业养老保险以外，还应该认识到退休后积极参加理财活动的重要性，从而度过一个"最美不

物价上涨，补贴不够 ▲

过夕阳红，温馨又从容"的晚年。

第二，老年人参与理财、选择理财产品有利于财富的保值、增值。生活中，菜价上涨、肉价上涨、天然气价格上涨、房价上涨……成了常态，如果手中的钱不打理，就会使钱变得越来越"不值钱"。

因此，老年人更需要努力借助各种理财手段和机会、善于运用各种理财产品和工具，积极和有效地消化价格上涨的影响，让自己的财富保值、增值，努力稳定和提高老年生活品质。

第三，老年人参与理财有利于营造更加和谐的家庭生活。虽然法律规定子女有赡养老人的义务，但如果家庭缺乏责任分配和约束机制，就会影响老年人的生活，电视剧《都挺好》中苏大强的情况也有可能出现在我们的身边。所以，老年朋友们要在自己的能力范围内合理理财，如能和家里人讨论商量后购买一定量的理财产品，能有助于营造更加和谐的家庭生活。

第四，老年人理财可以丰富老年生活。通过理财，老年人可以对生活更有控制感、成就感。同时，如果老年人关注理财方面知识，还可以降低受骗概率。经常有新闻报道老年人投资被骗，以至于最后血本无归。这都源于老年人信息相对闭塞，再加上自己没有学习过金融类知识，容易相信他人才频频上当受骗。在做投资时，往往别人为自己推荐什么就买什么，自己不做"功课"，这就给了不法分子可乘之机。老年人在投资前，一定要花些时间详细了解相关产品。而学习理财就是一个很好的学习金融知识的渠道。

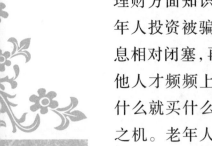

小案例

买理财产品"货比三家"

某机关干部何先生2019年刚刚退休，因为平日关注金融，闲来无事的他开始关注起银行的理财产品，他一家银行一家银行地看，听理财经理讲，自己再琢磨比较。一段时间的"货比三家"之后，何先生选中了某股份制银行一款半年期的保本理财产品，他先用5万元试买了一下，到期后发现该产品的收益率的确不错，于是加大配置比例；后来他又触类旁通，又买了一些非保本的理财产品，50多万元的个人积蓄如今绝大部分已经变成了理财产品，1年下来，利息收益比单纯定期存款多了差不多1万元。

这就是老年人细心研究，通过理财赚钱改善自己晚年生活的一个好例子。

老年人如何做好有效理财

老年人处在人类生命周期的特殊阶段，投资理财的注意点与其他年龄段参与理财的人有许多不同，想要实现有效理财，老年人在理财中需要重点把握好以下环节：

第一，在老年人的理财规划中，科学性显得尤为重要。老年人在做理财规划时，要重点考虑三个方面的问题：一是个人和家庭目前的经济状况如何；二是个人和家庭希望达到的具体财务目标是什么；三是要考虑选择何种理财方式、理财产品才能实现上述目标。老年人理财不是为了找一个发财门路，而是一种学习，一种参与。

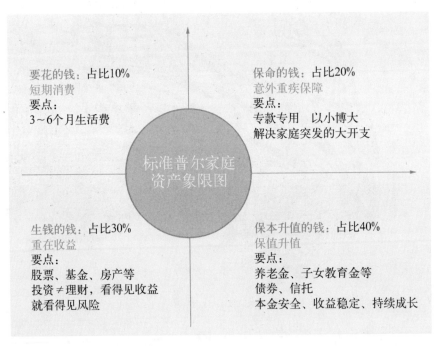

要花的钱：占比10%
短期消费
要点：
3～6个月生活费

保命的钱：占比20%
意外重疾保障
要点：
专款专用　以小博大
解决家庭突发的大开支

标准普尔家庭
资产象限图

生钱的钱：占比30%
重在收益
要点：
股票、基金、房产等
投资≠理财，看得见收益
就看得见风险

保本升值的钱：占比40%
保值升值
要点：
养老金、子女教育金等
债券、信托
本金安全、收益稳定、持续成长

▲ 标准普尔家庭资产象限图

第二，老年人理财需要合理制定现金收支预算。制定理财规划后，就要按规划的思路进行具体的理财操作。首先要将日常收支合理地划分类别，切合实际地安排各类支出，管理和调节好日常生活的开支。开支预算是老年人理财一个不可缺少的内容。合理地制定预算，可以把各项支出安排得井井有条，将何时进行何种消费做到心中有数。如此，老年人才能把各项生活安排好，避免"捉襟见肘"，还能在有了余钱的基础上自如地安排生活，也包括为投资理财提供财力基础。

第三，老年人需要主动建立健全理财账簿。老年人可支配的财产虽然不像企业的财产那么庞大，但也是麻雀虽小，五脏俱全。所以老年人管理财产时需设立账簿，认真记录。老年人可以将日常生活的开销记录下来，可分为开销日记账、伙食日记账、理财备忘账。日常开销账分收入、支出、结余三栏，每月的退休金、其他收入等计在收入栏下。支出要记清花销的品名、数量，具有一定规模的支出要说明事由。每日一小计，每月一汇总，月底结账时把这个月的支出总额与收入总额放在一起进行对比，看是有结余还是有赤字。如有结余则转入下月，以此类推。

第四，老年人需要谨慎选择最适合自己的理财产品。老年人理财的目的就是能够实现财富的积累和扩充。最重要的就是要通过各类理财工具与产品、各种理财渠道和手段，在控制风险的情况下赚到更多的钱。因此，老年人要根据各种理财工具的特点和自己的具体情况，合理分配可支配财产，进行合理的投资，实现更美好的老年生活。

第五，老年人的投资理财方式需要做到合理、科学。理财市场瞬息万变，理财工具也是多种多样的，科学理财的前

智慧理财

▲ 小心讲座陷阱

提是要求理财者具有一定专业知识和技能,而大多数老年人并不具备这一能力。所以,老年人为了有效和成功理财,应有针对性地学习一些理财的专业知识和技巧,为争取理财收益的最大化打好基础,或者可以接受金融理财规划师、理财专家的专业指导。

总而言之,老年人应该转变落后的理财思路,学习理财知识。针对金融诈骗日益增多的现象,老年人也要增强风险防范意识。

小案例

听信广告 上当受骗

80多岁的石先生,是一名退休教师,在工作时落下了职业病——颈椎有点僵硬,还曾经患过中风。有一天,他看到某报刊登的《颈椎病痛权威指南》免费广告,就一时心动,按照广告拨打了咨询电话,商家说有特效药,保证一用就灵,无效可以全额退款。随后,石先生花1 380元买了一个疗程的"特效药",服用后根本就不管用,商家又说你年纪大了,病情相对重一些,需要再用一个疗程,保证治好你的病。就这样,石先生连续用了三个疗程的药,一共花了4 140元,但病情一点也不见好转。而后石先生打电话给商家,商家说不管用,就给你办理退款。但从那个电话之后,石先生就再也联系不上商家了。

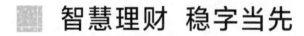

智慧理财 稳字当先

老年人理财遵循的原则

老年人理财请牢记"三要""三不要"六项基本原则。

三要原则

一要"稳"。

老年人理财首要考虑的是本金的安全,需要在本金安全的基础上再去追求相对高收益的产品。要想做到稳字当头,首先要考虑的就是理财产品的监管机构,一般来说,有金融机构监管的、有固定收益的产品更适合求稳的老年投资者。

二要"短"。

老年人在理财过程中要特别注意理财的期限。由于老年人年事已高,患病或者发生意外风险的概率要比年轻人高,理财的精力也不如年轻人充沛,理财市场本身的变化又很大,所以不建议选择封闭期限太长的理财产品,即便是期限稍长的产品收益率更高,老年人也应慎重考虑。具体来说,建议老

老年人理财要"稳" ▲

年人选择三个月到一年半、最长两年期的产品为宜。

三要"分"。

老年人在投资理财过程中，应该学会通过分散投资来降低理财过程中的风险。如果投资类保本收益产品，可以选择存款、国债、货币基金、银行人民币理财、信托等不同的理财工具；而如果投资浮动收益产品可选择股票、股票型基金、混合型基金、阳光私募等不同的品种。

三不要原则

一不要轻信高收益。

日常生活中，我们经常看到上当受骗都是从高收益开始的。有不少非法集资类型的投资公司通过研究利用投资者贪图高收益的心理，给出15%甚至20%以上的年化收益率来吸引老年人，很多投资者像苏大强一样在得到一定量的收益后沾沾自喜，忽略风险，最终导致上当受骗。

二不要贪图小便宜。

"免费""限量""促销""赠品"，经常是居心不良的投

资公司为了能吸引老年人投资而惯用的伎俩。一些老年人由于"贪便宜"的心理作怪，觉得错过了"赠品"不合算，即使知道了可能有诈也会抱着侥幸的心态去试一试。要知道天上不会掉馅饼，理财防骗更要防贪心。

三不要在不熟悉的情况下投资。

理财市场日新月异，老年人可能很难有很快的反应力去分辨新的投资品种，"外汇""黄金白银""海外股权""原始股"等理财新名词不绝于耳，但如果老年人并不了解或并不熟悉各品种的风险所在，甚至不了解该类产品的交易规则，那么，应尽量在充分了解或者有专业人士帮忙的情况下再谨慎投资。

总体来说，老年人是个特殊的理财群体，已经过了涉足高风险赚钱的黄金期，还是要树立安全理财的稳健观念。参考上文的六个原则，防范和控制理财的风险，做到安全理财。

理财方式的现状和种类

所谓理财产品，是由商业银行或正规金融机构设计并发行，将募集到的资金根据产品合同约定投入相关金融市场及购买相关金融产品，获取投资收益后，根据合同约定分配给投资人的一类产品。

2012年以来，随着国家一系列财经政策逐步实施到位，投资理财的市场发展空间变得更为广阔，投资理财产品可谓种类繁多，归纳起来主要在九个方面：存款、炒金、基金、炒股、国债、债券、外汇、保险、P2P。

近年来社会上各类公司纷纷发行自行设计的投资品，但老年人对产品的了解和分辨能力没有及时跟上，可能会导致资金受损；一些老年人为追求高收益，一时心动购买民间投资公司发行的预期年收益率高达15%甚至20%的产品，出现众多投资风险案例。

所以，对于老年人而言，谨慎地选择适合自己的理财产品尤为重要。

老年人理财的渠道

个人投资理财热点众多，适合老年人的可分为传统与新型两类理财产品。

传统型理财产品

（一）银行储蓄与国债

储蓄是指每个人或家庭，将暂时不用或者是结余的货币存入银行等金融机构的一种存款活动。国债，又称国家公债，是国家以其信用为基础，按照债券的一般原则，向社会筹集资金。国债具有最高的信用度，通常被公认为是最安全的投资工具。

（二）房地产投资与黄金理财产品

房地产投资是以房地产为投资对象，对土地或房地产进行交易以获得预期收益的投资行为。另一种为黄金理财产品，投资方式繁多，包括纸黄金、黄金期货、实物金，或者购买挂钩黄金收益的理财产品等不同的方式。黄金交易市场日成交量巨大，投资者想获得稳定持续的黄金投资收益

机会较多。但由于黄金交易波动较大,投资者需要慎重考虑,选择适合的投资方式。

新型理财产品

(一)银行理财产品和货币基金

银行理财产品多数是投资债券和货币市场等低风险资产,预期收益率也比较稳健,所以较为符合"安全"的概念。此外,近年来因为货币基金有较好的收益率和流动性而成为理财热门。从长期看货币基金的收益率可能比不上定存利率或国债收益率,不过货币基金的优势在于起点低,流动性好,适合老年人用一些计划月度开支的余额闲钱购买这种基金,这样可以获取比活期更高的收益。

(二)信托、债券、股票型产品

信托是委托人基于对受托人的信任,将其财产委托给受托人,由受托人按委托人的意愿以自己的名义,为受益人进行理财并赚取信托报酬的一种理财方式,是一种特殊的财产管理制度和法律行为。债券是一种由政府、金融机构、工商企业等直接向社会借款筹集资金时,向投资者发行,同时承诺按一定利率支付利息并按约定条件偿还本金的债权债务凭证的金融契约。

(三)外汇、互联网理财产品

外汇理财产品是指个人用外币购买产品,同时收益获取以外币币值计算,购买者赚取其中差价的一种理财方式。互联网理财产品是指互联网企业与基金公司合作或基金公司借助互联网推出的以余额宝、现金宝、理财通等为代表的货币基金产品。比如余额宝这类产品,老年人可以将其作为资产配置的一部分,适合随时支取应急。

第二篇

银行理财

稳定·便捷

银行储蓄知多少

银行储蓄类型

　　储蓄的种类是银行按照居民生活经济状况和货币收支规律而制定的具体存储方式和方法，其目的是为了满足城乡居民生活理财的不同层次和不同形式的实际需求。目前各大银行存款产品种类繁多，但总的来说银行存款大致可分为活期存款、定期存款和其他存款三类。

　　这里介绍9种储蓄类型，它们分别是：活期存款、整存整取定期存款、零存整取定期存款、存本取息定期存款、整存零取定期存款、定

▲ 银行储蓄

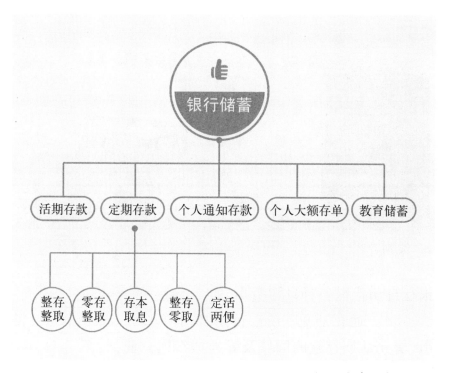

银行储蓄示意图 ▲▲

活两便、个人通知存款、个人大额存单和教育储蓄。

活期存款

活期储蓄是指无固定存期、可随时存取、存取金额不限的一种比较灵活的储蓄存款方式。人民币活期存款1元起存，外币活期存款起存金额为不低于人民币20元的等值外汇。在开户时，银行会给存折，储户要凭折存取，一年结算一次利息。

活期储蓄的优点很多，概括起来主要有4个：

（1）资金灵活：随时存取且手续简便，资金流动性强；

（2）存款起存金额低：人民币1元起存；

（3）缴费方便：活期存款账户可设置为缴费账户，由

▲ 定期存取

银行自动代缴各种日常费用；

（4）通存通兑：在银行系统内实现一卡通人民币、港币、美元活期存款的同城及异地通存通兑业务。

定期储蓄存款

定期储蓄存款方式有：整存整取、零存整取、存本取息、整存零取、定活两便。

（一）整存整取

整存整取定期存款是在存款时约定存期，一次存入本金，全部或部分支取本金和利息的服务。人民币50元起存，存期分3个月、6个月、1年、2年、3年和5年。存期内，我们储户只限办理一次部分提前支取，且只能在存单开户的银行办理。

整存整取的优点主要有这样3个：

（1）利率较高：定期存款存期越长，利率越高；

（2）可约定转存：在存款时约定转存期限，定期存款到期后的本金和税后利息将自动按转存期限续存；

（3）可质押贷款：如果定期存款临近到期，但又急需资金，办理质押贷款可以避免利息损失。

（二）零存整取

零存整取定期储蓄是银行为适应储户将每月结余积累成整的需要而设置的储蓄方式。它

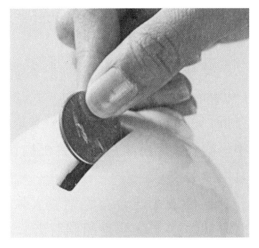

零存整取 ▲

是一种事先约定金额，逐月按约定金额存入，到期支取本息的定期存款方式。存期为1年、3年、5年，存款金额由储户自定，一般人民币5元起存，由银行发给存折，每月记存一次，中途如有漏存，应在次月补齐，到期凭存折支取本息。

零存整取的优点主要在于：

（1）可积零成整；

（2）有利于培养坚持储蓄的理财习惯。

（三）存本取息

如果款项在一定时期内不需动用，只需定期支取利息以作生活零用，那么存本取息可作为一种选择。

存本取息是一种一次存入本金，分次支取利息，到期支取本金的定期储蓄。一般是人民币5 000元起存，存期分为1年、3年、5年，由储蓄机构发给存款证明，到期一次支取本金，利息凭存单分期支取，具体支取时间由储户和储蓄机构协商确定，一个月或几个月均可。如果储户需要提前支取本金，则要按定期存款提前支取的规定计算存期内利息，并扣除多支付的利息。

存本取息的优点主要是可多次支取利息,灵活方便。

（四）整存零取

整存零取定期储蓄的本金需一次性存入,一般人民币1 000元起存,存期分别为1年、3年、5年,由储蓄机构发给存折,凭存折分期支取本金,支取期分为1个月、3个月和半年一次,由我们储户与储蓄机构协商确定,利息与存期约满时结清时支取。

这种方式适合有整笔较大款项收入且需要在一定时期内分期陆续支取使用的储蓄者。

整存零取的主要优点就是可多次支取本金,取款较为灵活。

（五）定活两便

定活两便储蓄是银行为那些存款数额较大,又需要短期内可全额支出的储户而设置的特殊储蓄方式。它是一种事先不约定存期,一次性存入,一次性支取的储蓄存款。银行会根据储户存款的实际存期按规定计算,一般是人民币50元起存,由储蓄机构发给存单,存单分记名和不记名两种,记名式可以挂失,不记名式不挂失。不过,由于定活两便储蓄会增加银行的利息支出,许多储蓄所实际上并不办理此项业务。

定活两便的优点是既可以在存期较长的情况下,按照规定获得较多的利息收入,又可以享受活期储蓄的支取之便。

个人通知存款

个人通知存款是一种不约定存期、支取时需提前通知银行、约定支取日期和金额方能支取的存款。一般通知存款的起存金额为人民币5万元。个人通知存款不论实际存期多长,按存款人提前通知的期限长短划分为1天通知存款和7天通知存款两个品种。1天通知存款必须提前1天通知约定支取存款,7天通知存款则必须提前7天通知约定支取存款。

个人通知存款的优点在于:

(1)收益高,资金支取灵活;

(2)专有积利存款计划:储户可按周期对通知存款的本金和利息进行自动滚存,并可根据实际需要定制通知存款转账周期和存期。

个人大额存单

个人大额存单是面向个人客户的记账式大额存款凭证,是存款类金融产品。个人大额存单为人民币标准类固定利率大额存单,包括1个月、3个月、6个月、9个月、1年、18个月、2年、3年、5年9个期限。各期限产品的购买起点金额均不低于人民币20万元。

个人大额存单的优点有:

(1)收益率高:利率较同期限现有定期存款更具竞争力;

(2)流动性好:可办理全部或部分提前支取、质押贷款及存款证明;

(3)安全性强:保本保息,不存在本金和收益损失风险。

教育储蓄

教育储蓄是为鼓励城乡居民以储蓄方式,为其子女接受非义务教育储蓄资金,促进教育事业发展而开办的储蓄。教育储蓄的对象为在校学习的小学四年级(含四年级)以上学生。教育储蓄存款按存期分为1年、3年和6年3种,每一账户起存人民币50元,本金合计最高限额为2万元。客户凭

学校提供的正在接受非义务教育的学生身份证明一次支取本金和利息时，可以享受利率优惠，并免征存款利息所得税。

教育储蓄的优点有：

（1）免收利息税；

（2）优惠的利率；

（3）存期灵活、轻松积累，以零存整取方式逐月存入；

（4）为子女积累学费，同时促进教育的发展。

▲ 教育储蓄

如何合理使用存款类型充分保值、增值

时下，各类投资理财产品种类繁多，但储蓄仍然是普通百姓最主要的理财手段。其实，只要用对正确的方法，储蓄就是家庭理财不可或缺的一部分，也是一种风险低、收益稳定的优质理财方法。

只有合理、科学的储蓄方案才能将大家手中的资金充分利用，以获得最大的理财收益。这里为大家介绍选择存

款类型时需注意的三大着重
点和五大技巧。

三大着重点

大额资金看重利息

如果你有一笔资金想要存
入银行，可以根据是否在近期
使用来选择储蓄方式。如果近
期不会使用，可以选择整存整
取定期储蓄，这样的利息最高；
如果需要靠这笔资金维持生
活，可以选择存本取息定期储
蓄，然后每个月领取利息即可。

小额存取 ▲

小额资金看重方便

如果你有一笔资金暂时没有明确用途，但不久就可能
要用，可以选择通知存款储蓄和定活两便储蓄。这样可以
既获得一定收益，又能方便及时地使用资金。

收入较低看重积累

对收入较低或余钱较少的人来说，可以选择零存整取
定期储蓄，每月只需存入较小的固定数额即可。

五大技巧

技巧一：阶梯储蓄

阶梯储蓄法是将资金分成若干份，分别存在不同的账
户里，或同一账户里但设定不同存期的储蓄方法。存款期
限一般是逐年递增的。这种方法既可获取较高利息，又不
影响资金的灵活使用。

▲ 分散投资

小案例

阶梯储蓄 灵活便利

退休的李老师准备储蓄1万元,那么她可将这笔钱分成5个2 000元,分别开设1年期存单、2年期存单、3年期存单、4年期存单(即3年期加1年期)、5年期存单各1个。1年后,李老师就可以用到期的2 000元,再去开设1个五年期存单以后每年如此。5年后,李老师手中所持有的存单全部为5年期;只是到期年限不同,依次相差1年。由于每年都有2 000元到期,这样每当需要用小额现金时,就可以只动一个账户,避免提前支取带来的利息损失。这种储蓄方法既可以跟上利率调整,又能获取五年期存款的高利息。

技巧二：每月储蓄

所谓每月储蓄，是指每月将一笔钱以定期一年的方式存入银行，坚持一年，从次年第一个月开始，每个月都会获得相应的定期收入。这种方案可以避免将所有钱留在利率很低的活期账户里，在无形中就增加了一笔利息收入。

小案例

每月储蓄 滚动存款

退休的陈师傅打算把每月退休金的20%，存个一年期定期存款单。1年下来，陈师傅就会有12张一年期的定期存款单。从第2年起，每个月都会有一张存单到期，若有急用，也不会损失存款利息；若不使用，这些存单可以自动续存。而且从第2年起，可以把每月要存的钱添加到当月到期的存单中，重新做一张存款单，继续滚动存款。假如陈师傅这样坚持下去，日积月累，就会攒下一笔不小的存款。因此，每月储蓄同时具备了灵活存取和高额回报两大优势。

技巧三：利滚利储蓄

利滚利储蓄法是一种存本取息与零存整取相结合的储蓄方法。如果你有一笔额度较大的闲置资金，可以选择将这笔钱存成存本取息的储蓄。在一个月后，取出这笔存款第一个月的利息，然后再开设一个零存整取的储蓄账户，把取出来的利息存到里面。以后每个月固定把第一个账户中产生的利息取出，存入零存整取账户。这样，不仅得到了利

小案例

存本取息 零存整取

汪伯伯有一笔10万元的闲置资金,若是选择存2年期,24个月都分别有一笔利息存入另外一个账户,再去计息。长期坚持,也会有不错的回报。

息,而且其利息在参加零存整取储蓄后,又取得了新的利息。

技巧四：杠铃储蓄

这种方案是将资金集中在长期和短期的定期储蓄品种上,不持有或少量持有中期的定期储蓄品种。大家都知道,长期的定期存款收益高,但流动性和灵活性差。而短期的定期存款却恰恰相反。两者正好互补,各取所长。最终形成一种合理的储蓄投资组合。既能获得高收益,又不用担心急需用钱的情况。

若是利率变化时,应及时调整计划。如果利率上涨,可以选择短期的储蓄品种,以便到期后,可以灵活的转存到高利率的品种上。而利率降低时,可以选择长期的储蓄品种,以便利率下调时,你的存款利率也不会受影响。

技巧五：自动转存

如果你存款到期后未能及时到银行办理,超期部分就会按活期利率计算利息,如此就会损失不少利息收入。为避免这些不必要的损失,储蓄的时候,不妨和银行约定自动转存。这样既可避免到期后不必要的利息损失,又能省去跑银行进行转存奔波的辛苦。

如何定制适合自己的储蓄计划

投资基础知识

众所周知，老年人主要有三个收入：退休金，储蓄和其他理财收入。

虽然收入成分很简单，但是老年人的花费是多种多样的。今天需要买一些食物，明天需要买一些保健品，可能到了后天，老年人会为了方便出行而买一辆代步车。所以需要关注一些流动性比较强的理财产品，也就是要求这些产品能够及时变现，适应老年人对于金钱的需求。

同时，产品还要满足低风险的要求。随着年龄的增长，老年人倾向于尽可能地规避风险。在日常生活中，我们可以清楚地看到，随着年龄增长，人们开始求稳，逐渐不愿意尝试一些高风险的事情。针对老年人的理财产品，并不一定需要很大的投资回报。最重要的是能够符合老年人的需求，那便是风险低。

投资界有一个黄金比例，叫做4321定律。就是说，在投资回报最高的情况下，你的收入配置比例是这样的：把40%的收入用于投资、股票、基金、证券以创造财富；30%用于衣食住行的开销；20%用于储蓄，以备不时之需；

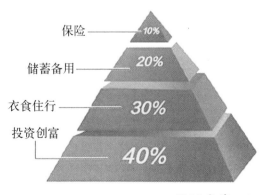

保险 —— 10%
储蓄备用 —— 20%
衣食住行 —— 30%
投资创富 —— 40%

4321定律 ▲

▲ 切莫冲着"高收益率"

最后的10%是购入一些保险。

这个理论在投资界是一个共识,但事实上,每个人的投资比例都会有一些相应的变化。比如说年轻人承担风险的能力较大,那么不妨选择一些激进型的投资策略。等你年纪渐长,投资风格会向稳健型转变,也就是说你的钱投下去之后,能够慢慢地增长,慢慢地升值。

投资的四大原则

(一)资金原则

投资的金额总量要与实际生活水平相适应。

举例来说,如果你每个月的可控制资金只有2 000元或者更少,这些钱只能够满足你日常的生活需求,那么你完全没有投资的必要。但如果你每月有余钱可以自由支配的话,那么可以将其中的一部分资金拿出来投资,从而获得额外的收入。

投资的第一个原则就是要在

小心"高收益"陷阱 ▲

自己力所能及的范围内投资。

（二）时间原则

任何的投资都需要投入一定的时间去等待。

作为投资者，千万不能够忘记投资一个项目所需要花费的时间。有时候一笔投资看似收入很大，但是它所花费的时间可能远远超过了投资收入的时间价值贬值，导致入不敷出。

举例来说，20年前你花费600元投资了一个项目。这个项目承诺20年之后会还你五倍的钱。20年后你把资金收回，总共能够得到3 000元。为了得到这3 000元，你花费了20年的时间。世界已发生了很大的变化，现在的3 000元能买到的东西还不如20年前600元能买到的东西多，因此投资的时间价值很重要。

所以，我们在投资的时候一定要考虑到这笔投资所要占用的时间。只有权衡好时间与收入之间的关系，才能够获得最好的投资回报。

注意投资的时间价值 ▲

（三）能力原则

选择投资产品时，尽量要选择自己了解且擅长操作的产品。比如说你对银行储蓄积累了一定的经验，而且有自己的见解，那么你更有能力去应对大大小小的变化。

选择你较为擅长的投资产品，往往能够让你得心应手地应对投资过程中发生的问题，同时也可以保证收益最大化。

（四）心理原则

心理原则就是你的投资比例应该要与心理上的风险承担能力有关。

如果你是一个喜欢冒险、大胆的人，那么你的投资确实可以选择激进型投资。这种投资的特点是高风险、高收益。但也如前文所述，老年人大多偏爱稳健型的投资。这种投资通常收益较低，但却是低风险，更为可靠。

投资比例建议

老年人不妨参考以下投资比例：将60%的资产用作储蓄备用，可以短期长期相搭配来获取高利息；20%的资产用来投资债券，稳赚不赔；10%用来购入保险来应对突发情况，剩下10%用作其他投资。

储蓄理财应关注哪些问题

储蓄理财中，哪些问题值得关注呢？最主要还是要关注一些大环境的变化。不过，储蓄理财本身的风险小，回报较低，储户完全可以通过及时调整储蓄比例来应对变化。接下来，我们来分析以下四种影响储蓄理财因素以及应对方案。

通货膨胀

通货膨胀可以说是世界上所有国家都面临的一个难题。顾名思义，就是随着时间的增加，你的钱会越来越不值钱，比如以前，能够用1元钱买到的东西，但现在可能需要十几倍甚至更多的金钱，这便是通货膨胀。通货膨胀能够很大程度地影响人们的生活。

通货膨胀如果太厉害的话,你单纯把钱放在银行里,它的利息收益赶不上通货膨胀带来的货币贬值。换句话说,你把钱放在银行,其实钱是会越来越少的,因为同样金额钱的购买力会越来越低。比如说10年前把你一个月的工资存在银行里,也就是500元,10年后的今天,就算利润率再高,它的本息涨到1 000元,但是这1 000元也换不来10年以前500元能够购买到的东西。这就是通货膨胀。

通货膨胀对于所有的投资理财都有影响,银行储蓄也不例外。但是当通货膨胀实在太高了的时候,我们可以考虑把部分资产从储蓄中转移到其他方式的投资上,这样可以缓冲通货膨胀对资产缩水的一个影响。

应对方法

坚持记账,合理地记录自己的资产并掌握自己钱财的流向。

适当节流,能够有效地减少自己不必要的钱财的流出。

结合自身情况进行其他类型的投资,把货币本身价值的风险转移出去。

平均消费指数CPI

CPI这个词可能对于大多数人来说有点陌生,简单来说,CPI就代表物价。

物价平均指数上涨有什么具体影响呢?

首先是对生活状况的一个影响:往往物价上涨的时候工资也会上涨,物价上涨往往会抵销工资的上涨;同时,物价上涨对理财也有很大的影响。如果你投入一笔10年期的理财产品,它给你的回报率是一定的,但物价上涨了10年后,表面看你现金增多了,但其实你的本息和能够买的东

西比10年之前少了。对于物价指数的上涨，需要你有敏锐的嗅觉，老年人不妨尝试合理分配自己的资产，保证自己的资产有一定的流动性。

应对方法

适当投资理财，增加资产流动性。

政府宏观调控。

人民币升值

大数据显示，从2003年到2012年，人民币是一直升值的。

如果在一个国家，银行的利率普遍特别低，那么肯定有其他国家的银行的利率高于它，这样在这些国家的货币之间就会存在一些三角套利，也就是说别的国家可能会向这个国家贷款，把钱换成外币存在别的国家，等到升值之后再换回来再还这国家的贷款，通过这样的利息差而得到利润。因此长期而言，如果一个国家的利息很高，那么这个国家的货币是在贬值，相反，如果利息很低，那么这个国家的货币是升值的。从2003年到2012年，中国银行的储蓄利息都十分低，从这一点上，我们也能知道人民币在升值的事实。

然而近几年来，人民币跌破6.8整数关口后持续走弱。反观人民币兑一揽子货币指数来看，市场并没有出现特别的恐慌表现，从高位95.7跌至

▲ 人民币升值

95.63，下跌0.07，跌幅不足0.7%。从这也可以看出，人民币主要是兑美元贬值，兑其他货币依旧保持在一个稳定区间内。

很多人可能在日常生活中对人民币的升值没有特别的感受，但是在世界范围内，人民币的升值对世界的影响是特别大的。站在中国的角度，人民币升值，那就说明以前我们1元钱能够买到外国的一些产品，在如今可以买得更多，这样一来我们会加大对外国产品的进口量。与此同时，我们的外国国债的压力会变小，比如以前我欠别人380美元，这样我可能需要人民币3 800元去还债，现在只用3 000元。

另外，人民币的增值对我们国民财富也是有一定的影响，虽然资金总量不变，但是人民币的购买力增强了，这就说明咱们国家总体变富裕了。

加息

加息有什么影响呢？假如张奶奶3个月前在银行存了2年期的定期储蓄，当时银行的年利率为3%。但后来银行的利率突然上调，而张奶奶的2年期储蓄是无法按照新的利息指数来储存的。因此，对于加息较为频繁的我国来说，老年人可以考虑半年期的存款产品。建议存款的期限不要过长。

银行的钱去哪儿了 ▲

银行理财有风险吗

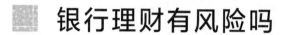

老年人在投资者这个庞大的群体中，是比较特殊的。因为他们并没有很高的风险承担能力，也没有大笔可掌控的投资资金。老年人的投资往往就是以储蓄为主。储蓄自然离不开银行。然而银行在提供储蓄服务的同时，往往也会推出很多的理财产品，所以老年人便成了这些理财产品的主要客户。这里为大家介绍一下银行理财产品的一些知识。

银行理财产品是指商业银行推出的理财计划，是商业银行通过向投

▲ 警惕各类陷阱

资人推销理财产品，将汇集的资金用于投资，最终将获得的投资收益或受到的投资损失按照事先的约定，在银行和投资人之间进行分配。银行理财产品实质上就是银行推出的"基金"。

选择理财产品 ▲

根据币种不同，理财产品分为人民币理财产品和外币理财产品两大类。

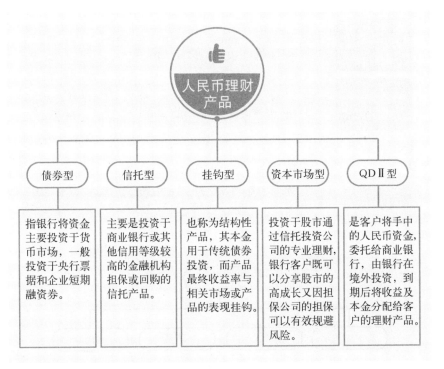

人民币理财产品类型 ▲

人民币理财产品				
债券型	信托型	挂钩型	资本市场型	QDⅡ型
指银行将资金主要投资于货币市场，一般投资于央行票据和企业短期融资券。	主要是投资于商业银行或其他信用等级较高的金融机构担保或回购的信托产品。	也称为结构性产品，其本金用于传统债券投资，而产品最终收益率与相关市场或产品的表现挂钩。	投资于股市通过信托投资公司的专业理财，银行客户既可以分享股市的高成长又因担保公司的担保可以有效规避风险。	是客户将手中的人民币资金，委托给商业银行，由银行在境外投资，到期后将收益及本金分配给客户的理财产品。

　　人民币理财产品是指银行以高信用等级人民币债券投资收益为保障，面向个人发行，到期向客户支付本金和收益的低风险理财产品。

　　外币理财产品一般指银行推出的理财产品，但是以外币为交易的货币。

　　根据投资性质的不同，理财产品可分为固定收益类理财产品、权益类理财产品、商品及金融衍生品类理财产品和混合类理财产品。

固定收益类理财产品	• 投资于存款、债券等债权类资产的比例不低于80% • 风险较低，收益稳定
权益类理财产品	• 投资于权益类资产的比例不低于80%
商品及金融衍生品类理财产品	• 投资于商品及金融衍生品的比例不低于80% • 风险来自衍生品，如：期货、期权等
混合类理财产品	• 投资于债权类资产、权益类资产、商品及金融衍生品类资产且任一资产的投资比例未达到前三类理财产品标准

▲　理财产品类型

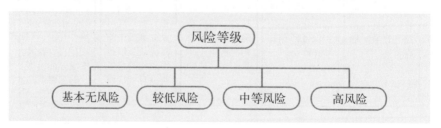

银行理财产品的风险等级

风险等级

基本无风险　　较低风险　　中等风险　　高风险

▲　银行理财产品风险等级

基本无风险(PR1,PR2)

一般是银行存款和国债,收益率较低,但因为有银行信用和国家信用作保证,具有最低的风险水平。

较低风险(PR3)

主要是各种货币市场基金或偏债型基金,这类产品投资于同业拆借市场和债券市场,这两个市场本身就具有低风险和低收益率的特征,再加上由基金公司进行的专业化、分散性投资,使其风险进一步降低。

五个等级的风险形式(以工商银行为例)

风险等级	风险水平	评 级 说 明
PR1	很低	产品保障本金,且预期收益受风险因素影响很小;或产品不保障本金但本金和预期收益受风险因素影响较小,且具有较高流动性
PR2	较低	产品不保障本金但本金和预期收益受风险因素影响较小;或承诺本金保障但产品收益具有较大不确定性的结构性存款理财产品
PR3	适中	产品不保障本金,风险因素可能对本金和预期收益产生一定影响
PR4	较高	产品不保障本金,风险因素可能对本金产生较大影响,产品结构存在一定复杂性
PR5	高	产品不保障本金,风险因素可能对本金造成重大影响,产品结构较为复杂,可使用杠杆运作

中等风险（PR4）

包括信托类理财产品，外汇结构性存款和结构性理财产品。

高风险（PR5）

QDⅡ等理财产品就属于此类。由于市场本身的高风险特征，投资人需要有专业的理论知识，这样才能对外汇、国外的资本市场有较深的认识，去选择适合自己的理财产品，而不是在损失之后才后悔莫及。

综上，风险在PR3以下的产品相对"安全"，PR4和PR5的理财产品就不太适合普通人购买。有一个最简单的方法，就是看理财产品的投资组合里面是否有"股票"字样，如果有，那么风险级别至少在PR3以上。建议新手或者对风险偏好不是很高的老年人，选择PR1、PR2级别的理财产品，PR3级别以上则需要谨慎购买。了解了理财产品的风险等级之后，再根据自己的风险偏好和风险承受能力选择适合的产品。所以购买理财产品前的风险承受能力测评最好认真完成，根据测评结果选择适合的理财产品也是规避风险的办法之一。

小案例

知晓风险 谨慎购买

XX银行曾曝出一个某款理财产品亏损的案例，银行在推销的时候声称"中低风险、稳健增值""半年绝对回

报13%"等字眼,但期满时却大幅亏损了15%,实际上投资者购买的并非银行理财,而是银行代销的基金。后来又一家银行被曝出卖"假理财"的事件,支行行长称所卖的理财产品保本保息,由于"原投资人急于回款,愿意放弃利息,一年期产品原本年化收益率4.2%,还有半年到期,相当于年化8.4%的回报",但实际上却是完全伪造出来的产品。此外,还有很多投资者以为买的是银行理财,但事后才发现买的是保险,不仅期限长达5年,而且收益率要远远低于银行理财。所以,老年人在购买银行理财产品时,一定要知晓风险。

老年人如何选择银行理财产品

老年人在选择银行理财产品时可以多对比各家银行理财产品的特点,不要只看高收益,还要综合考虑理财产品的期限、资金的流动性等。银行理财产品有保本型和非保本型的,心理承受能力好的老年人选择保本浮动型的产品,承受力较差的可以选择保本保收益的。老年人可以将理财投资当作事业经营,不要有太大的心理负担,保持良好的心态。同时也要考虑资金的流动性,在1～3个月内暂时不用资金的可以选择短期的银行理财产品,收益或许不是很高,但至少不会因为急着用钱而陷入困境;推荐在节假日,如春节的前后购买,收益会相对高一点。如果资金在1～5年内不急用的,可以购买长期的银行理财产品,不过还是建议老年人选择期限在2年以内的银行理财产品。

两步走选择理财产品战略

一、注意理财产品的发行出处

很多理财新手可能不了解，银行卖的理财产品也可能并不是银行发行的。因为银行除了会卖自营的理财产品，还会帮第三方机构卖产品，俗称"飞单"，即银行员工为了赚取差价，私自向顾客出售非银行自营的产品，比如信托、保险、基金等公司发行的理财产品。要注意的是这类产品并没有银行自营的"靠谱"，而且一旦出了问题，银行并不会承担相关责任，因为银行一般会认为这是员工个人行为。所以不建议购买非银行自营的理财产品，一是风险大，二是出了问题"无处申冤"。那么，如何辨别银行自营理财产品和非自营理财产品呢？有以下几个要点：

（一）查说明书中的产品登记编码

在银行发行的理财产品的说明书中，都会有一个以大写字母"C"开头的14位产品登记编码，把这个产品登记编码输入中国理财网（http://www.chinawealth.com.cn/zzlc/index.shtml）的搜索框内查询，就能查到对应的产品，如果查不到，那就不是真正的银行自营理财产品。

（二）看收益率

非银行自营的理财产品一般收益特别高，是银行自营理财产品的两三倍，如果投资者盲目追求收益，就很可能掉进"飞单"陷阱，遭受损失。

（三）看合同

投资者在拿到合同时一定要仔细阅读，不要怕麻烦，尤其是仔细看看合同上写的发行方是不是银行，如果是，合同

中会明确标明银行名称。

二、注意理财产品类型

在人们的固有印象中一直觉得银行理财产品收益稳定,甚至可以说"稳赚不赔",其实这种认知也是不正确的,银行的理财产品并不是那么"稳"。因为理财产品有三大种类:保本固定收益型、保本浮动收益型、非保本浮动收益型。其中"非保本浮动收益型"理财产品就能一举打破你对银行理财产品的固有认知。

▲ 保本保息理财产品"稳赚不赔"?

小案例

"精打细算",利率高不等于收益好

赵阿姨退休后开始关注银行的理财产品。但是市面上的银行理财产品多如牛毛,好在退休后最不缺的就

是时间,她常常一家银行一家银行地看,喜欢琢磨比较。后来她选中了某家银行一款4.3%的35天短期理财产品,想取出原本想购买利率为3.7%一款产品的5万元。而那家银行的理财经理小陈听后给赵阿姨算了一笔账:一般银行理财产品分募集期、计息期、清算期三个时间阶段,其中募集期计活期利息,清算期不计息,所以,理财产品即使实现最初给出的预期收益率,也并非客户获得的实际利益。虽说表面上来看4.3%的产品利率要高出3.7%的产品很多,但是4.3%的产品发行周期是5天,也就是说要5天后才能起息,在这5天内只能拿0.35%的活期利息,但是他们这款3.7%的产品是隔天起息的,这样算来,4.3%的产品5万元每天的利息是5.068元,而3.7%的产品5万元每天的利息是5.21元,反而高。听了小陈的解释,赵阿姨才明白过来。

第三篇

基金及有价证券理财

权衡·谨慎

 认识投资基金

投资基金有哪些类型

投资基金也称为互助基金或共同基金,是通过公开发售基金份额募集资本,然后投资于证券的机构。

按照不同的分类方法,投资基金可以分为很多种类型。

按照法律地位可以分为契约型基金和投资型基金,其中公司型基金又分为封闭式和开放式两种。

开放式基金	• 其股票数量和基金规模不封闭,投资人可以随时根据需要向基金购买股票以实现投资,也可以回售股票以撤资
封闭式基金	• 发行的股票数量不变,发行期满基金规模就封闭起来,不再增加或减少股份

按资金募集方式和来源划分可以分为私募基金和公募基金。

| 公募基金 | • 以公开发行证券募集资金方式设立的基金 |
| 私募基金 | • 以非公开发行方式募集资金所设立的基金 |

按照对投资受益与风险的设定目标划分，投资基金可以分为收益基金、增长基金，也会有两者的混合型基金。

| 收益基金 | • 追求投资的定期固定收益，因而主要投资于有固定收益的证券，如债券、优先股股票等。同时，投资收益也比较低 |
| 增长基金 | • 追求证券的增值潜力，通过发现价格被低估的证券，低价买入并等待升值后卖出，以获取投资利润 |

小案例

巴菲特的赌局

12年前，沃伦·巴菲特向Protégé Partners的对冲基金经理泰德提出了一个赌局：从2008年1月1日至2017年12月31日的10年间，标普500指数的业绩表现会胜过对冲基金组合扣除佣金、成本及其他所有费用的业绩表现。泰德接受了巴菲特的赌局，他确定了5只对冲基金，预计它们会在10年内超过标准普尔500指数。10年之后，最后的结果证明，标准普尔500指数完胜对冲基金，巴菲特赢了100万美元，并且全部捐献给了奥马哈女童之家基金会。

实际上，在巴菲特致股东信中就已经给出了这场赌局当时的进展：截至2016年底的9年当中，Protégé Partners的投资应当已经获得22万美元收益，而他的指数基金带来了85.4万美元收益。这意味着，巴菲特几乎一定会在"赌局"结束时胜出。在这场赌局中，对冲基金完败于指数基金，主动投资完败给被动投资。那么，原因到底是什么呢？投资指数基金到底有哪些优势呢？主要包括以下几个方面：一是可获得平均收益，具备套利功能。对于个人投资者，如果想获得一个平均的收益，跟踪某个指数就是相对较简便的方式。二是相对省事省力，可分散投资风险。相对于个股的涨跌，指数的涨跌幅度会小一点。因此在行情好的时候，指数基金可能涨幅会小一点，但让投资者不会错过行情，保证了大部分的收益。三是长期确定的盈利能力。长期来看，股票指数的整体趋势是向上的，故投资指数基金基本上是盈利的。四是成本优势。投资基金时，交易成本是一个不可忽视的重要元素。同样的基金，有的人可以做到交易成本只有几毛钱甚至免费，有的人却要付出每次十几元的成本，长期下来差距明显。而这些成本完全是可以避免的。

基金理财的风险分析

任何一种投资都是有风险的。基金的特点在于由专业人士管理，进行组合投资分散风险，风险指数比股票低，但也不可忽略其风险性。不同类型的基金风险程度各异，收益也存在差距。一般而言投资基金的风险主要分为以下几种：

市场风险

市场风险主要包括政策风险、经济周期风险、利率风险、上市公司经营风险、购买力风险等。政策风险是指国家宏观政策变化导致的市场价格波动；随着经济周期性变化，行业的盈利水平也有周期性变化，会影响到行业板块的走势。此外，上市公司经营好坏也会导致企业盈利发生变化，若基金投资的上市公司经营不善，股票下跌，会使基金收益下降。基金投资于国债和股票，其收益水平也会受到利率变化的影响，直接导致其价格波动。

管理风险

基金管理人的专业技能、研究能力和投资管理水平直接影响其对信息的收集、分析和对形势、证券价格走势的判断，从而影响基金投资人水平。此外，其防范风险的能力、职业道德等也会对基金投资造成影响。基金管理人的管理制度、内在控制制度等也是重要的一方面。

流动性风险

在正常情况下投资者不存在在适当价位找不到买家的流动性风险，但当证券市场波动加剧，投资者的赎回需求增加时，可能发现巨额赎回现象或暂停赎回的极端情况，投资人可能面临无法赎回或低价赎回的风险，这就是基金的流动性风险。

信用风险

　　信用风险是指在交易过程中出现交收违约或所投债权的发行人违约、拒绝支付到期本息等情况。

　　同时，基金种类不同，风险程度也不同。开放式基金存在申购、赎回价格未知的风险，投资人在申购、赎回时无法预知会以什么价格成交。封闭式基金的基金份额，在基金发行之初就要固定下来，在封闭期内不得增减。因此，在封闭期间，即使基金折价率很高，基金管理公司也不得赎回，风险较高。

小案例

基金风险要知悉　盈利亏损都有数

　　几年前，张大爷在小区附近的某银行开了户，认识了理财经理王某。张大爷的儿子说，之前自己的父亲就在这个支行买了几款保本型的理财产品，一直比较稳健，可到了2015年4月，情况有所不同："2015年4～8月，王某给我父亲认购了三只高风险的股票型基金，老爷子已74岁了，卡里的钱都是省吃俭用的养老钱，他不会开电脑、上网，连短信都不会打开，网上操作显然不是本人所为。我们知道时，已经亏损了不少……"

　　2016年4月，张大爷和家属把该银行和三家基金管理公司告上了法庭，要求赔偿各项损失近4万元。对于张大爷儿子的说法，王某显然不认同。王某说，2013年张大爷在他们银行开了户，之后购买过理财产品，从2014年9月开始，买了一些基金类产品，由于之前的基金盈利还不错，老人就问她还有什么产品推荐。"我们结合他的风险承受能力、往年的投资经验和他对收益的一些需求，这才开始给他一些更深入的建议。"

法院对此案进行了一审宣判。法院认为，原告在银行填写了个人投资风险承受能力评估表并签字确认，作为完全民事行为能力人，原告有权自主处分其财产，与他人签订合同并承担相应的后果。原告在认购过程中，发送至手机的短信内容也是本人提供的，因此，相应资金损失应由其自行承担，原告也未举证王某在销售涉案理财产品过程中存在不符合法律、行政法规或部门规章的行为。于是法院驳回了原告的诉讼请求。

适合老年人投资的基金

在购买基金之前，应该对自己投资基金的目的有一个清醒的认识，是要高风险高收益还是稳健保本的收益。如果是前一种，适合买股票型基金，而后一种适合买债券型或货币型基金。确定了基金种类后，选择基金可以根据基金业绩、基金经理、基金规模、基金投资方向偏好、基金收费标准等来选择。另外，现在债券型基金也已经累积了较大的投资风险，不建议老年人来投资。对于老年人来说，资金的安全性是最重要的。如果为了获得资金的灵活性和安全性以

及持平于定期存款的利率,可以考虑选择投资货币型基金。

货币型基金

货币基金主要投资于债券、央行票据等安全性极高的短期金融品种,又被称为"准储蓄产品",其主要特征是本金无忧、活期便利、定期收益、每日记收益、按月分红利,没有利息税,随时可以赎回,一般可在申请赎回的第2天资金到账,适合追求低风险、高流动性、稳定收益的人。

那么如何选择好的货币基金?首先,进入基金界面选择,可对所有的货币型基金从高到低进行排序,选择一个最近几个月收益比较稳定的,年化收益在3%左右的基金。最好选择浮动不大的,不要选择忽高忽低的基金。总之,就是要选择规模比较大、收益率序列相对比较稳定、申购赎回的费率比较低、交易比较便利的基金。

债券型基金

债券是一种固定收益的证券,基金投资于债券的收益主要来自两部分,一是债券到期后的利息部分,另一个是通过债券票面价格的涨跌赚取买卖价差。而债券票面价格受利率影响很大,尤其是固定利率的债券,当市场利率上涨时,债券的价格就会下降,反之则上升。

在选择债券基金的时候,一定要了解其利率浮动程度和信用程度。在此基础上,才能了解基金的风险的高低,是否符合你的投资需求。债券价格的涨跌与利率的升降成反向关系。利率上升的时候,债券价格便下滑。要知道债券价格变化,从而知道债券基金的资产净值对于利率浮动的程度如何,可以用久期(即持续期)作为指标来衡量。

老年人如何投资基金

了解基金

（一）买基金时需要弄清楚该基金的品种，其中最简单的方法就是基金的投资标的。也就是说看清楚该基金是投资股票（股票型基金）、投资债券（债券型基金），还是投资股票与债券（平衡型基金），抑或是货币市场基金。以上几个类型的基金预期报酬与风险从高到低依序是股票型、平衡型、债券型、货币市场基金。

股票型基金	平衡性基金	债券型基金	货币市场基金
• 投资对象具有多样性。具有流动性强、变现性高、费用较低等特点。经营稳定，收益可观	• 属于主动型基金，投资组合比例比较稳定，兼顾安全性和盈利性，具有在波动行情中平稳投资的能力	• 风险较小，收益稳定，且费用较低。注重当期收益，追求较为固定的收入	• 属于开放式基金，流动性好，资本安全高，风险性低，投资成本低。基金单位的资产净值是固定不变的

（二）买基金时要看清楚谁是基金经理人。因为基金经理对于基金的作用是非常大的，基金经理的操盘资历、选股理念、稳定性都会影响基金的绩效。对于老年人而言，想要买基金的话建议先到各基金公司网站上去查询该基金经理人的基本数据与资历，多了解一下基金经理的风格和过往业绩。

（三）买基金时要看懂风险系数。风险系数是评估基金风险的指标，通常是以"标准差""贝塔系数"与"夏普指数"三项来表示。一般有以下规律："标准差"越小，波动

风险越小；"贝塔系数"小于1，风险越小；"夏普指数"越高越好，该指数越高，表示基金在考虑风险因素后的回报情况越高，对投资人越有利。

（四）买基金时要弄清基金表现走势赢过大盘的意义。基金与大盘走势比较图的意义在于让投资人检视该基金的长期绩效是否打败大盘。还可以比较该基金走势的波动幅度。如果该基金的高低点都比大盘波动来得剧烈，则表示该基金的波动比大盘大，风险也相对较大。不过，有的基金并不适合与大盘做比较，这里面有一个选择合适的比较业绩基准的问题。比方说，有很多基金都会投资一部分债券，这样的话，在选择业绩基准时，完全用大盘指数就不合适，比较出来就会有一定的误差。

投资基金小技巧

第一，正确认识基金的风险，购买适合自己的基金品种，不能盲目购买，以免造成大的损失。

第二，选择基金不能贪便宜。有很多投资者在购买基金时会去选择价格较低的基金，这是一种错误的选择。

第三，新基金不一定是最好的。在国外成熟的基金市场中，新发行的基金必须有自己的特点，要不然很难吸引投资者。

第四，不要只盯着开放式基金，也要关注封闭式基金。开放式与封闭式是基金的两种不同形式，在运作中各有所长。开放式可以按净值随时赎回，但封闭式由于没有赎回压力，使其资金利用效率远高于开放式。

第五，谨慎购买拆分基金。有些基金经理为了迎合投资者购买便宜基金的需求，把运作一段时间业绩较好的基

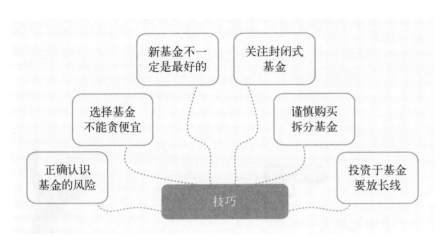

投资基金小技巧 ▲

金进行拆分,使其净值归一,这种基金多是为了扩大自己的规模。

第六,投资于基金要放长线。购买基金就是承认专家理财要胜过自己,就不要像股票一样去炒作基金,甚至赚个差价就赎回,要相信基金经理对市场的判断能力。

基金定投

什么是基金定投

定投是指投资人在一定的投资周期内,以固定的时间间隔,投资到固定的基金上的一种中长期的投资方式。

| 固定频率 扣款时间 | 固定扣款 金额 | 扣款基金 | 基金定投 |

基金定投的定义 ▲

定投的高级版本是定期不定额定投,根据市场行情情况,自动调整投资金额,低位多投、高位少投,进一步摊薄投资成本,在牛熊变换的市场中取得更加显著的收益。

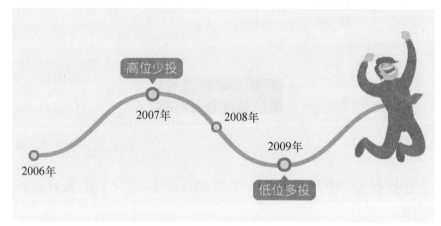

▲ 基金定投技巧

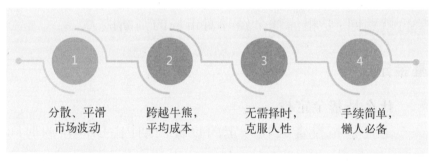

▲ 基金定投的优势

基金定投的方法

1. 定投基金的选择上,最好是选择偏股型的基金。偏股型的基金能更好地平衡收益。

2. 选择好买入的时机,其实一只基金好不好,一定要衡量好买入的时机,最好跟踪一两个月,看好它的买入点。能在低点买入是最好的。

3. 定投的取出时机也是要选择的。一般来说,定投的年限越长,它的收益也就相对来说会更高,一般3～5年是最好的时机。

4. 定投的预期可以选择在月中,或发养老金的时候,避免扣款不成功。一般不要选择月头扣款,因中国不少节日很多都是月头,有可能会扣款失败。

5. 扣款的银行卡最好是挂钩我们的养老金卡,这样一发养老金就直接可以扣款,会更加方便,也不用担心扣款失败。

6. 基金定投是很容易的,最主要的是看准买好的基金,还有买入的时机,卖出的时机,基本就可以稳赚了。

7. 基金定投只是一种投资的方式,也可以直接单笔买入,在预盈点的时候就可以卖出。这种方式的缺点就是有可能会赔。而定投的话,可以平衡收益。

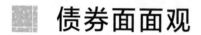

债券面面观

债券的类型

债券是政府、企业、银行等债务人为筹集资金，按照法定程序直接向社会借债的一种方式。

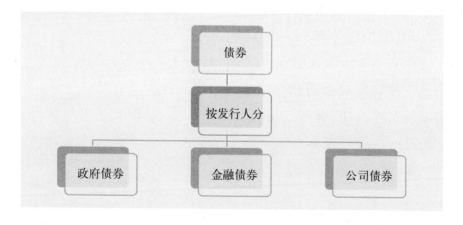

政府债券

政府债券是政府为筹集资金而发行的债券。主要包括国债、地方政府债券等，其中最主要的是国债。

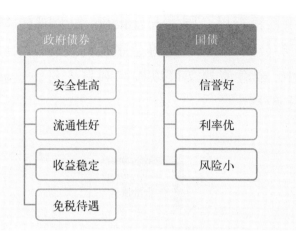

政府债券与国债的区别 ▲

小案例

河北省政府专项债券案例——雄安新区建设债券

2018年雄安新区建设专项债券（第一批）发行总额150亿元，品种为记账式固定利率附息债，全部为新增专项债券。分三期发行，发行规模分别为30亿元、100亿元和20亿元，期限分别为10年、20年和30年期，票面利率分别为3.74%、4.01%、4.22%，利息按半年支付，发行后可按规定在全国银行间债券市场和证券交易所债券市场上市流通，体现了其较好的流通性。同时，债券到期后一次性偿还本金。该批债券募集资金将纳入政府性基金预算管理，偿债保障程度高，安全性高。

金融债券

金融债券是由银行和非银行金融机构发行的债券。在我国，金融债券主要由中国进出口银行、中国农业发展银行

两大政策性银行以及国家开发银行,各大国有、非国有商业银行,证券公司,保险公司等金融机构发行。

其中,金融债券又可以按照利息支付方式和发行条件划分为多种类型。

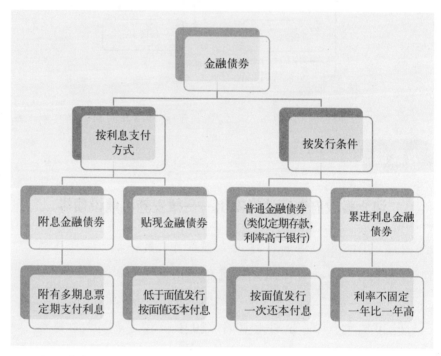

▲ 金融债券分类

小案例

中国工商银行发售五期国开行金融债券

根据国家开发银行发行计划安排,中国工商银行于2019年2月20日、2月21日,通过电子银行渠道和境内营业网点面向个人和非金融机构客户,同步销售国家开发银行2019年第一期金融债券（1年期续发行）、2019年第三期金融债券（5年期续发行）及2019年第五期金融债券（10年期续发行）；于2019年2月22日、2月25日同步销售国家开发银行2019年第二期金融债券（3年期续发行）与2019年第四期金融债券（7年期新发行）。

以2019年第四期金融债券（7年期新发行）为例，本次在柜台市场新发行的国家开发银行2019年第四期金融债券为7年期固定利率附息债券，债券面值100元，客户认购债券数量为100元面值的整数倍，发行价格100.00元/百元面值。

企业债券

企业债券通常又称为公司债券，是企业依照法定程序发行，约定在一定期限内还本付息的债券。

小案例

大唐集团发行企业债券

2005年4月，中国大唐集团公司发行其长期企业债券（简称"05大唐债"）。该债券为固定利率，票面年利率为5.28%，采用单利按年计息。该债券募集资金将主要用于5个电源项目的建设。那么，大唐集团为何选择发行企业债券来募集资金呢？

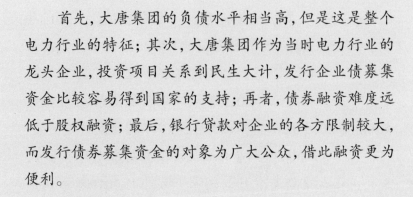

首先，大唐集团的负债水平相当高，但是这是整个电力行业的特征；其次，大唐集团作为当时电力行业的龙头企业，投资项目关系到民生大计，发行企业债募集资金比较容易得到国家的支持；再者，债券融资难度远低于股权融资；最后，银行贷款对企业的各方限制较大，而发行债券募集资金的对象为广大公众，借此融资更为便利。

国　债

国债，又称国家公债，是由国家发行的债券，是中央政府为筹集财政资金而发行的一种政府债券，是中央政府向投资者出具的、承诺在一定时期支付利息和到期偿还本金的债权债务凭证，由于国债的发行主体是国家，所以它具有最高的信用度，被公认为是最安全的投资工具。

中央政府发行国债的目的往往是填补国家财政赤字，或者为一些耗资巨大的建设项目，以及某些特殊经济政策乃至为战争筹措资金。由于国债以中央政府的税收作为还本付息的保证，因此风险小，流动性强，利率也较其他债券低。

我国的国债分类

从债券形式来看，我国国债主要包括以下四类：

（1）凭证式国债，是指以"中华人民共和国凭证式国债收款凭证"记录债权的纸质凭证形式的国债，主要面向个人投资者发行。其发售和兑付通过银行的储蓄网点、邮政储蓄网点以及财政部门的国债服务部办理。办理手续和银行定期存款办理手续类似，但只能在规定的发行期内方可购买。

（2）记账式国债，是指通过无纸化方式发行、以电脑记账方式记录债权，并可上市交易的债券。记账式国债可随时买卖、流动性强，一般是每年付息一次，因此实际收入比票面利率略高。

电子式国债 ▲

（3）无记名式国债。其特征介于凭证式国债和记账式国债之间，通常以实物券的形式出现，但票面上不记载债权人姓名或单位，不挂失、可上市流通，又称国库券，目前已停止发行。

（4）电子式国债，是指面向境内中国公民储蓄类资金发行，以电子方式记录债权的不可流通债券，是财政部为改进国债管理模式、提高国债发行效率，于2006年推出的国债新品种。

我国国债发行采取的方式

在我国债券市场，债券可以通过以下三种方式发行：债券招标发行、簿记建档发行、商业银行柜台发行。

目前，央行票据、政策性金融债绝大多数通过招标发

行；部分信用债券通过簿记建档方式发行；记账式国债大多数通过招标发行，储蓄式国债通过商业银行柜台发行。

储蓄式国债

凭证式国债

凭证式国债是政府为筹集国家建设资金而面向社会公众发行的一种中央政府债券。凭证式国债按年度、分期次发行，存期一般为二年、三年、五年，购买国债时，银行营业网点签发国债收款凭证，该凭证为记名凭证，可挂失，可在同一城市内通兑，到期或提前兑付凭该凭证支取本息。

凭证式国债的特色有：

（1）购买程序简便——买国债跟存定期存款一样简单；

（2）收益好、风险低、免缴利息税——有国家信誉保证，风险几乎为零，收益有保障。国债收益率

储蓄国债分为储蓄国债（电子式）和储蓄国债（凭证式）	
储蓄国债（电子式）	储蓄国债（凭证式）
相同点	以国家信用为基础，利息免税
	相同环境下，同期限品种，到期年利率相当
	2018～2020年储蓄国债承销团成员，约13万个网点均有销售
	个人实名制购买，可按规定代办
	不可流通，可按规定办理提前兑取、质押贷款和财产证明等业务
	银行可收取提前兑取手续费（当前费率为提前兑取本金额千分之一）
不同点	通过个人国债账户和资金账户购买 / 现金或个人银行存款购买
	电子记账方式记录购买情况，实行电话复核查询下的两级托管体制 / 以"中华人民共和国储蓄国债（凭证式）收款凭证"记录购买情况
	发行期首日起息 / 购买当日起息
	按年付息，到期还本并支付最后一年利息 / 到期一次还本付息
	本息资金按时自动划入投资者资金账户，无需前往柜台办理 / 到期兑付须持储蓄国债（凭证式）收款凭证前往柜台办理
	部分银行网上银行有售 / 网上银行不可销售

▲ 储蓄国债

一般高于同期定期存款,且免征利息税。

（3）资产流动性好——凭证式国债可作为质押,申请质押贷款。凭身份证件可随时办理国债提前兑付。

（4）多种选择——国家每年都发行数期、各种期限、总额达数千亿元的国债,品种丰富。

电子式国债

储蓄国债（电子式）是财政部面向境内中国公民储蓄类资金发行的,以电子方式记录债券的一种不可上市流通的债券。

储蓄国债（电子式）的七大特点,分别是：面向个人、不可流通、无纸化（电子方式记录债权）、收益安全稳定、鼓励持有到期、手续简便、品种多样。

国债的低风险性

国债可以说是一种风险很低的投资,因为从某种程度上说投资国债就是稳赚不赔。国债是由国家发行的债券,是中央政府为筹集财政资金而发行的一种政府债券。其本质上就是国家以国家信用作保证,向我们借钱。可以说,它是安全性最高的投资品之一了。而且一般来说,国债的收益率要高于同期的银行定期存款的收益率。利息免征所得税,实际收益比较高。所以,它很受保守型投资人的喜爱。

受欢迎的国债 ▲

国债属于超低风险的理财产品，如果你的观念偏保守或者出于避险考虑，买一些国债是很好的选择。适合有稳健保值需求的投资者，如上班的年轻人和老年人购买。

国债虽然投资风险低，但这并不是说投资国债没有风险。就金融产品存在的市场风险而言，国债也不能幸免。投资国债有持有期最低限制。不管是几年期的国债，只要是不满半年你就兑取了，不但没有利息，还要支付0.1%的手续费，这会造成本金的"缩水"。所以，刚刚发售的凭证式国债，具有不可转让的特性。提前赎回损失比定期存款提前取出还要大。时间是持有到期投资方式要付出的主要成本，购买了不可流通交易的国债之后，虽然锁定了投资的收益，却失去了流动性，若提前兑付则需以损失收益为代价。

加息对于凭证式国债来说不是好事，因为银行的利息升了也就意味着债券的利息收入减少了。

购买国债的技巧

尽管国债很适合风险承担能力有限的老年人来购买，但是国债的购买也是需要遵循一定的技巧的。国债的购买一般需要注意以下2点：

了解国债的期限

就目前而言，国债的发行主要以中长期为主，如果还没到结算归还的日子就因为各种原因把国债转让出去，这样对于投资者来说往往得不偿失。因此，在购买国债之前一定要有一个将来几个月或者几年的资金规划，合理选择好自己到底需要用多少钱来投资国债和用多少钱来储蓄以备不时之需，这样就不会发生因为现金不够而被迫提前转让所持有的国债，导致收益下降。

到正规场所购买国债

购买国债要到正规机构购买，同时，购买国债需要经过正确的流程来购买。

银行网点购买国债 ▲

购买国债的流程

无记名式国债的购买

无记名式国债的购买对象主要是各种机构投资者和个人投资者。无记名式实物券国债的购买是最简单的。投资者可在发行期内到销售无记名式国债的各大银行和证券机构的各个网点，持款填单购买。无记名式国债的面值种类一般为100元、500元、1 000元等。

凭证式国债的购买

凭证式国债主要面向个人投资者发行。其发售和兑付是通过各大银行的储蓄网点、邮政储蓄部门的网点以及财政部门的国债服务部办理。其网点遍布全国城乡，能够最大限度满足群众购买、兑取需要。投资者购买凭证式国债可在发行期间内持款到各网点填单交款，办理购买事宜。由发行点填制凭证式国债收款凭单，其内容包括购买日期、购买人姓名、购买券种、购买金额、身份证件号码等，填完后交给购买者收妥。办理手续和银行定期存款办理手续类似。凭证式国债以百元为起点整数发售，按面值购买。发行期过后，对于客户提前兑取的凭证式国债，可由指定的经

办机构在控制指标内继续向社会发售。投资者在发行期后购买时,银行将重新填制凭证式国债收款凭单,投资者购买时仍按面值购买。购买日即为起息日。兑付时按实际持有天数、按相应档次利率计付利息(利息计算到到期时兑付期的最后一日)。

记账式国债的购买

购买记账式国债可以到证券公司和试点商业银行柜台买卖。各大银行在全国已经开通国债柜台交易系统的分支机构。

老年人购买国债尽量选择消极型的投资策略,分为三个步骤:

1. 选择合适的国债。

2. 买入国债。

3. 到国债结算日之前尽量不提不转让。

这样的购买方法有一个特点就是可以使自己的投资不依赖市场变化,从而有一个稳定的固定收益。优点是:一方面可以有效规避市场价格的风险,另一方面因为在持有期间没有任何转账交易,因此手续费并不高。

债券和国债收益对比

人们一般以债券收益率来衡量债券收益。债券收益率是债券收益与投资人投入本金的比率,通常用年率表示。债券收益不同于债券利息。债券利息仅指债券票面利率与债券面值的乘积。但由于人们在债券持有期内,还可以在债券市场进行买卖,赚取价差。因此,债券收益除利息收入外,还包括买卖盈亏差价。

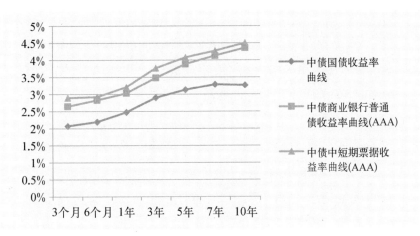

截至2019年4月4日国债及其他债券收益率折线图 ▲

由上图可见,中债国债收益率曲线始终在最下方,说明在相同投资期限下,和中债商业银行普通债以及中债中短期票据收益率相比,国债收益率最低。

小案例

几种债券的对比

选取2019年央行发行的5年期国债、国家开发银行发行的5年期金融债券和上市公司华侨城发行的5年期公司债券的票面利率,做出下表:

债券种类	票面利率(年利率)
5年期国债	4.27%
5年期金融债券	3.30%
5年期公司债券	3.88%

注:2019年发行的5年期国债、金融债券、公司债券票面利率对比

从票面利率来看，相同投资期限下，国债的票面利率最高，公司债券次之，金融债券最低。一般来说，投资理财的风险与收益并存，风险越高，收益越高。其中国债在三种债券中凭借国家的信用担保因而风险最低，国债的票面利率通常就是它的收益。而公司债券在票面利率的基础上，还会依据市场波动、买卖交易等产生收益的浮动，因此它的收益通常会高于表中的3.88%，并且由于公司债券的风险最高，它的最终收益会高于国债。而此处的金融债券由国家开发银行发行，信用相对也较好，风险较低但是高于国债，一般其票面利率也是它的收益，可是其票面利率即收益却比国债低，说明在投资债券的过程中，要具体情况具体分析，并非风险越高的债券，它的收益也一定越高。

债券理财的风险分析

无论做什么投资都有风险。债券投资当然也有相对应的风险。因此，投资者应重视风险，合理选择适合自己的债券类型。作为投资者应该利用各种渠道去了解债券风险、识别风险，制定风险管理的原则和策略，运用各种资产组合去降低风险，减少风险损失，力求获取最大收益。

在投资之前，投资者自身可以通过阅读债券理财相关的书籍、报刊、财经网站等获取债券投资的相关信息；同时可以咨询各债券发行、销售等相关机构的专业理财经理的意见。全方位多角度的分析债券的风险特征。通常来说，债券风险主要包括信用风险、流动性风险和市场风险。

信用风险

信用风险即违约风险,指由于各种不确定性使债权人不能按时还本付息导致债务人损失的风险。下表是以我国公开发行信用债的发行主体为统计样本的结果,由于我国债券市场首例公募债违约发生在2014年,故统计年份从2014年开始计算,所有基础数据源于Wind资讯。

2014~2018年总样本累积违约率统计表

年 份	初始样本数	Y1	Y2	Y3	Y4	Y5
2014年	2 649	0.08%	0.60%	1.51%	1.62%	2.08%
2015年	2 990	0.50%	1.37%	1.57%	2.07%	—
2016年	3 243	0.74%	0.93%	1.54%	—	—
2017年	3 545	0.17%	0.99%	—	—	—
2018年	3 656	0.85%	—	—	—	—

描述统计:

平均边际违约率	0.48%	0.61%	0.57%	0.32%	0.46%
平均累积违约率	0.48%	1.09%	1.65%	1.97%	2.42%
标准差	0.30%	0.27%	0.03%	0.23%	—
中 值	0.50%	0.96%	1.54%	1.85%	2.08%
最小值	0.08%	0.60%	1.51%	1.62%	2.08%
最大值	0.85%	1.37%	1.57%	2.07%	2.08%

注:Y_n表示静态池建立后的第n个跟踪期;数据来源Wind,新世纪评级整理计算。

由上表可见,总样本累积违约率随时间的拉长而上升,表明观察期越长,发行主体违约的可能性越大。

我国债券市场首例公募债违约案例

A公司在2012年4月发行了4.8亿元的公司债,该债券存续期5年,附第3年末投资者回售选择权,发行利率为6.78%,每年的4月X日为债券付息日。A公司在2013年全年亏损5.64亿元,2014年上半年亏损659万元,到2014年10月,资信公司披露对该债券的不定期跟踪评级报告,将其主体及债项评级下调至BBB,触发交易所风险警示条件。2015年4月,因A公司无法按时、足额筹集资金用于偿付该债券本期债券应付利息及回售款项,构成对本期债券的实质违约。

市场风险

市场风险是指由于市场利率的变动导致债券组合价格波动的风险。通常来说,市场利率提高,债券价格会下跌,这就会造成由于市场利率而带来的债券价格损失。

债券价格下跌亏损案例

A债券(面值为100)票面利率是5%,期限为1年。投资者L以面值100元买入A债券。当市场利率上升至6%时,一年到期后的A债券价格为100+100×5%=105元,那么A债券现在的价格为105/（1+6%）=99.06元，如果投资者L在此时出售债券，则会承担100-99.06=0.94元的损失。

流动性风险

流动性风险是指由于债券流动性不足导致其迅速变现时产生损失的风险。

小案例

公司亏损导致违约

引用违约风险中的A公司案例。A公司在2013年、2014年净利润分别为-5.6亿元、-6.8亿元，连续两年亏损，因此无法按时、足额筹集资金用于偿付债券应付利息和回售款项款项。这也是由于当时流动性不足导致的违约。

老年人如何投资债券

小案例

苏大强陷入理财骗局

2019年，一部家庭伦理电视剧《都挺好》火爆大街小巷。其中倪大红饰演的苏大强为了实现自己

的发财梦，陷入了理财骗局。一开始，苏大强是被朋友老聂的话所诱惑，开始接触理财。在尝到了短期到手的高收益这个甜头后，就将自己的养老钱一并投了进去，最后等来的是所谓的"理财公司"溜之大吉、卷款跑路。苏大强生生损失了6万元，因内心承受不住被气到了医院，还各种想要寻死。

现代社会的老年人都希望通过合适的理财途径，实现老有所养的目标，丰富晚年生活，提高晚年生活品质，实现养老金的保值增值。然而现实中，老年人身边遍布投资理财陷阱，令人防不胜防。老年人投资债券，可以从以下几点考虑、权衡：

了解自身风险承受能力

对于风险承受能力较大的老年人，可以适当投资中高风险的债券型理财产品。

而大多数老年人由于没有稳定的收入来源，缺少现金流上升空间，都和苏大强一般，对风险的承受能力极弱，因此他们选择债券，应以保本为主，收益为次。这类老年人应该将至少65%（或更高）的资金投资于稳健理财产品，比如国债。老年人投资，稳字第一，才不会像苏大强那般得不偿失。

平衡期限

老年人投资债券应平衡期限，即平衡收益性和流动性，就是把大部分资金投资于中长期理财，一小部分用于购买灵活性理财，以备不时之需。很多老年人在现实中会把自己的存款全部用来购买银行理财或者其他产品，日常支出则用退休金来覆盖，这样的配置，就失去了流动性。

平衡投资期限，不要一股脑地把钱只投到一个看似高收益的产品，以求得更好的收益性和流动性。学会分散债券的期限，长短期配合，在利率上升时，短期投资可迅速找到高收益投资机会，在利率下降时，长期债券则能保持高收益。这样一来，一些风险就能够相互抵消。

考虑发行主体

根据债券发行主体的不同，债券的类型也会有所不同。如发行主体是国家，那债券便是属于国债，是由财政部门发行并且以国家信誉和财力作为保障的。而若是债券发行主体是银行和非银行金融机构，该债券便属于金融债券；若是债券的发行主体是一般的上市公司，则便属于公司债券。这三类债券，从安全性来说国债的风险最低，因此每当到了发行国债的时间便会立刻被抢购一空。其次是金融债券，最后是公司债券。

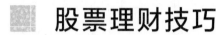

股票理财技巧

股票理财优缺点

　　股票理财是一种十分常见的投资理财方式，是指将资金投资于股票，希望以此来获得更多的收益。因为投资对象是股票，所以存在一定的风险，故股票投资也是一种风险投资。股票之所以受到一些人的青睐，就是因为股票的收益比较可观，只要把握住机会，收益来得还是非常快的，但其风险也很高，弄不好就犹如"关灯吃面"，因股票倾家荡产的例子比比皆是。这里简单介绍一下股票理财的优缺点，希望对投资者有所裨益。

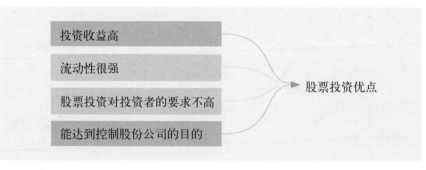

投资收益高

流动性很强

股票投资对投资者的要求不高

能达到控制股份公司的目的

　　　　　　　　　　股票投资优点

▲　股票投资的优点

风险大，若市场变动剧烈，可能面临巨大的亏损

受国家的政策，国际市场等其他因素的影响很大

当天买入，要等到下一个交易日才能卖出

只有在上涨的过程中才能赚到钱，当熊市的时候容易亏损

股票投资缺点

股票投资的缺点 ▲

小知识

关 灯 吃 面

2011年12月7日，重庆啤酒黑天鹅事件爆发，引发连续跌停，股价大幅下挫。12月15日，在重庆啤酒经历了连续第6个"一"字跌停的晚上，一名东方财富网股吧网友在重庆啤酒吧发表了一篇题为《一边吃，一边哭》的帖子，帖子内容很简单，只有简短的一句话——今天回到家，煮了点面吃，一边吃面一边哭，泪水滴落在碗里，没有开灯。这位股民没有一句埋怨、一声咒骂、一字悲愤、一语伤痛，但他那悲哀到麻木、灵魂与肉体备受煎熬的状态却被短短一句话淋漓地刻画出来。"没有开灯"，正是精神受创之后人生欲望极度萎缩的疲惫之态的真实写照，可谓点睛之笔。帖子发出后，迅速在股民、网友中引起共鸣。自此，"关灯吃面"一词被广泛引用，并逐渐引申成为中国股民群体内心痛苦的特有表达方式。

总的来说，股票投资的优势是收益较高，操作难度适中，可以长期投资，股票背后是企业，可以分享企业的成长收益。而它的劣势主要体现在存在一定的风险，投资风险大，如果遇到熊市可能会损失惨重，所以投资需慎重。

小案例

老年人炒股谨防被忽悠

2014年，61岁的陈先生，从某电视广告上获悉广州观之茗投资有限公司的宣传信息，该公司称在京、沪、深等地拥有数十家分支机构，有数百名机构操盘手和民间投资理财高手，可代为炒股，并保证投资者在15个交易日内获得30%～120%的利润。陈先生被深深吸引，与该公司取得联系，随后向其提供的银行账号汇去5万元，让其代为买卖股票。10余天之后，该公司与陈先生联系称其购买的股票已经赚钱，可以将获利继续投入股市。公司人员不断鼓动陈先生多投入资金，利用股市的好行情，力争2015年上半年将其投入的资金翻番。陈先生经不住诱惑，不断向公司账户内注入资金60余万元，其中有给儿子结婚买房的钱。他开始有点担心，想将账户内的钱取回，该投资公司却以各种理由推托为其转账，最后公司及工作人员的电话无法接通，陈先生感觉不妙，意识到自己已经上当受骗，可是为时已晚。

股票理财的风险分析

风险分析

股票理财风险 ▲

（一）市场价格波动风险

　　股市的基本特征就是股票的价格频繁波动，这是谁都无法避免的事实，无论是在成熟的股票市场，还是在新兴的股票市场都会存在这种现象。出现这种现象的原因，主要是投资者对股票的看法发生变化所致，而由此导致的风险称之为市场价格波动风险。

小案例

巴菲特的投资启示

　　巴菲特一生经历过四次股市暴跌，分别是1973年、1987年、2000年和2008年。每次股市暴跌前的一两年，巴菲特就提前退场，根本不参与最后一波行

情，而是冷眼旁观其他人在股市中挣扎。等股市大跌之后，他又悠然自得地大规模进场，一一捡拾原先看好的股票。以1987年股灾为例，1987年8月到10月暴跌36%，但这一次股市跌得快，反弹也快，结果巴菲特只能遗憾没有时间"让子弹飞"。面对暴跌匆匆而来又匆匆而去的投资机会，巴菲特仍然非常淡定，因为他相信下一次机会还会来，只要耐心等待。这次巴菲特得到的启示是：有时暴跌来也匆匆去也匆匆，让你无法抓住抄底良机，对此同样要淡定，不要因为没有把握住每一次机会而自责甚至投资行为失控。

暴跌后第二年机会来了，巴菲特开始大量买入可口可乐公司股票，到1989年，两年内买入可口可乐股票10亿美元，1994年继续增持后总投资达到13亿美元。1997年底巴菲特持有可口可乐股票市值上涨到133亿美元，10年之内赚了10倍。

（二）上市公司经营风险

股票价格与上市公司的经营业绩的好坏关系非常密切，上市公司经营状况较好时股票价格会上涨，反之会下跌。在我国，每年有许多上市公司因各种原因出现亏损，这些公司公布业绩之后，股票价格随后就下跌。

上市公司业绩亏损带来股价下跌
——分众传媒

近年来，分众传媒业绩增长较为缓慢。2019年7月30日，分众传媒发布了2019年上半年的业绩快报。分众传媒在上半年实现营业收入57.17亿元，同比下降19.59%；实现营业利润9.76亿元，同比下降75.98%；实现归属于上市公司股东净利润7.76亿元，同比下降76.82%；基本每股收益0.05元，同比下降78.26%；加权平均净资产收益率为5.57%，较去年同期减少了22.67个百分点。

至今年7月底，分众传媒的股价从年初的5.14元下跌到7月31日的5.06元，下跌了1.56%，而同期行业板块的涨幅为6.84%，同期上证指数的涨幅为22.06%。可见，上市公司的业绩亏损能够使股价逆市下跌。

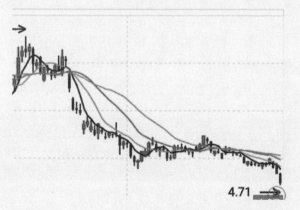

分众传媒股价大跌

（三）政策风险

国家有关部门出台或调整一些直接与股市相关的法规和政策，对股市会产生影响。有时候相关部门会出台一些经济调整的政策，虽然不是直接针对股票市场的，但也会对股票市场产生间接的影响，如利率的调整、汇率体制改革。

小案例

汇率波动带来股价波动
——汇率下降挫伤航空股

2018年4月下旬以来，人民币对美元汇率持续震荡走软，6月下半月以来走弱速度加快。从2018年以来的各月表现看，人民币汇率大致表现为一季度震荡走强、二季度震荡走软的特征。

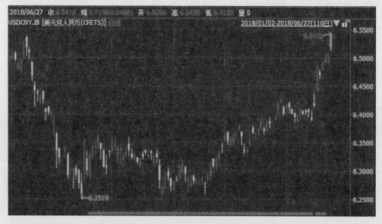

▲ 美元对人民币即期汇价日K线走势

在2018年6月25日人民币汇率大幅走软的背景下，A股市场航空股板块整体下跌。截至收盘，中国国航、东方航空均收报跌停，南方航空、春秋航空、吉祥航空分别大跌9.74%、5.47%和5.07%。同样的，在港股市场，航空股板块深度受挫下跌，中国南方航空股份、中国国航的跌幅分别达9.31%和6.81%。

指	代码	名称	涨幅%	现价	换手%	涨跌	卖价	总金额
1	601111	中国国航	-10.03	9.78	1.09	-1.09	9.78	10.4亿
2	600115	东方航空	-10.01	6.83	1.13	-0.76	6.83	7.82亿
3	600029	南方航空	-9.74	9.08	2.59	-0.98	9.09	17.1亿
4	601021	春秋航空	-5.47	36.30	0.42	-2.10	36.20	1.25亿
5	603885	吉祥航空	-5.07	15.91	0.75	-0.85	15.98	2.16亿
6	603167	XD渤海轮	-4.63	9.48	1.43	-0.46	9.49	6705万
7	002928	华夏航空	-3.67	28.31	8.46	-1.08	28.31	9908万

A股市场航空股板块下跌 ▲

代码	名称	涨幅%	现价	买价	卖价	总量	现量
1	00293	国泰航空	-0.46	13.000	12.980	13.000	177.0万	
2	00357	航基股份	-1.90	7.740	—	—	367000	1000
3	00694	北京首都机场股份	-6.19	8.190	8.190	8.200	2168万	
4	00670	中国东方航空股份	-6.22	5.680	5.680	5.690	3241万	
5	00753	中国国航	-6.81	8.080	8.080	8.090	6833万	
6	01055	中国南方航空股份	-9.31	7.010	7.000	7.010	4991万	

港股市场航空股板块下跌 ▲

（四）投资者主观因素所造成的风险

这是由投资者本人的主观因素所造成的，比如投资者盲目跟风、错误判断、错过买卖的最佳时机，等等。

风险评估

第一类风险主要是市场价格的波动风险，但凡是股票市场，其价格的频繁波动就不可避免，人们对股票收益的预

▲ 风险评估等级

期不同，也会导致大部分股票收益的易变性。这类市场风险无法预知，一般后果较为严重，属于一级风险。

第二类风险主要是上市公司经营风险，一家上市公司经营业绩的好坏，影响着其股票价格的高低。而上市公司的经营状况在未来会因为各种因素产生不确定性，这就导致了经营风险。这类风险的出现频率一般，后果也一般，属于二级风险。

第三类风险主要是政策风险，相关部门或机构有时会出台或调整一些经济政策、法律法规，如利率的调整、产业的政策等，这些都会对股票市场产生或大或小的影响，但是该类风险的出现频率最不频繁，后果也一般，属于三级风险。

第四类风险主要是投资者主观因素所导致的风险，如：投资者的过度自信、错误估计、盲目跟风投资、贪得无厌，等等。人的主观因素十分复杂，它们影响着人生活的方方面面，因此在投资中，这类风险的出现频率很高，后果也较严重，但一定程度上可以完全规避，属于四级风险。

风险防范

（一）掌握必要的专业知识

股票市场本身是一门非常深奥的学问，不是没有规律可循，一般的投资人很难研究透彻，但是，如果想成为一个成功的投资人,想在股票市场获得可观的收益,就必须花一些时间和精力去研究这些最基本的知识。

（二）认清投资环境,把握投资时机

在股市中常说的一句话,"选择买卖时机比选择股票种类更重要",这也就是说投资者在投资前应该先认清投资的环境,再结合自己的认识做出合适的判断,以免造成大的损失。

（三）确定合适的投资方式

一般来说,不以赚取差价为主要目的,而是想获得公司红利的投资者可以采用长期投资的方式。对于那些有职业而又有相当积蓄和投资经验的,适合采用中期投资的方式。而对于时间较多,有着丰富经验的投资者来说可以选择短期投资的方式。

（四）正确选择投资对象

在投资之前需要进行详细的了解和比较,选择了正确的投资对象可以在短期内获得较高的收益,反之则会出现亏损。至于选择何种股票最好,要视当时的经济环境、投资人个性和对股市的了解程度以及经验而定。

股票理财的技巧

股票投资是一种高风险的投资,风险越大,收益越大。换一个角度说,也就是需要承受的压力也越大。投资者在涉足股票投资的时候,必须结合个人的实际状况,选出可行的投资政策。了解一些股票理财的小技巧非常重要,这里介绍一些实用的股票理财技巧。

智慧理财

小技巧

投资市盈率越来越低的股票	投资毛利率高于同行的股票	投资有发展前景的产业	投资人们生活离不开的行业
市盈率是股票股价与上一年的每股盈利的比例。它是一支股票最重要的估值指标，一般来说，市盈率越低，估值就越低，就越有投资价值。	毛利率就是毛利润与总收入之比。一般说来，毛利率高于同行的公司，市场垄断程度高，越有发展前景，越值得投资。	目前来说，煤炭、石油等已经是夕阳产业，新能源汽车、高科技、新材料、互联网、金融、保险、环保、保健、稀缺资源、旅游等行业是朝阳产业。	大消费就是人们生活离不开的行业。比如食品饮料、纺织服饰、商业连锁、家电、汽车等。每个人都离不开吃穿住行，离不开柴米油盐酱醋茶，所以这些行业总有利润。

小案例

巴菲特的投资策略

巴菲特认为，在短期内，股票市场是投票机；而在长期，市场是秤。短期内决定价格的主要是数量，长期内决定价格的是质量。巴菲特从来不对市场的短期波动进行预测，他只是常年坚持自己的选股原则：① 良好的行业前景。巴菲特并不看好互联网企业，这一方面是由于他不懂技术，更重要的是他对新技术的看法。他认为，一项重大科学技术突破往往能改变人类的生活。但是你能从成千上百个互联网公司中挑选出成功者的概率,要远远低于挑选出失败者的概率。他所挑选的公司,都是处于成熟稳定的行业。② 卓越的管理层。巴菲特说过,他之所以是一个好的投资者,是因为他是一个好的企业家。他一生中做的重大投资决策并不多,但是在每次投资之前,他总是会去了解企业的管理层。③ 选择自己能够理解的公司。人不可能一直从自己不能理解的事情中挣钱,而巴菲特在每次进行投资之前都会像一名记者一样,去调查公司的财务和运营状况。④ 合理的价位。巴菲特在2007年抛售中石油的时候,正是看到了其价位已经过高,因此继续持有不如立即抛售,更能实现其价值。很多秉承价值投资理念的投资者也表示从来不会买热门股,因为热门股的价值很可能已经高估。

哪些股票适合老年人投资

| 公司有竞争优势 | • 有些投资者在选择股票时,通常只关注股价的高低,其实更应该关注的是企业是否具有竞争优势。有竞争优势的公司往往具有超出行业同等水平的盈利能力 |

| 所处行业有发展前景 | • 公司所处行业的发展前景决定了公司未来的发展空间。选择长线投资的股票,所处行业要符合国情需要,符合政策支持的方向 |

| 选择细分行业龙头股 | • 龙头公司是一个行业里的标杆性企业,通常龙头股具有先于板块回落的特点,安全性高,可操作性强。但一般龙头股盘较大,很难出现好的长线投资机会,所以选择细分行业的龙头股进行投资 |

小案例

林劲峰投资股票看品牌

林劲峰是盈信集团董事长，截至2013年，他带领盈信集团历经牛熊市的考验，产品业绩持续创出新高，公司总体净值过去9年增长超过20倍，年复合收益率达到42%。林劲峰的投资策略是在价值投资标的本身不多的情况下选择一家好公司并长期持有。2008年正好出现一个机会，茅台已经跌到了17元、18元，市盈率也就20倍左右。他当时做了消费者调查，在终端待了一个月时间，后来慢慢发现，喝茅台的消费者忠诚度更高。这让林劲峰明白了一个道理，茅台的产品竞争力非常强。这样的投资后来让林劲峰成了茅台的第十大股东，而且他认为茅台未来还是有成长空间的，只要它的品牌不出现大的贬值，只要它的商业模式还在正确的路上，就不会考虑卖出。

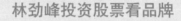

老年人如何投资股票

股市行情瞬息万变，使股民经常处于紧急应变的氛围之中，因此容易产生紧张恐惧、焦虑不安等不良心理。很多老年人把炒股当作晚年生活的重要部分。但是在波涛汹涌的股市中，老年人还是要以身体健康为重。老年人炒股，要以"玩"的心态为主，要有风险意识，始终要把健康放在第一位。因此，投入的资金不能多，最好用一些闲置资金来炒

股。有些老年人对股市还不是很了解，这里对股市做一下基本的介绍。

认识股市

（一）股市的作用

公司发展需要资金，而获得资金的方式主要有两种：一种是通过银行贷款，有期限，要还贷款和利息，集资成本很高；另一种就是发行股票，筹集民间资本，需要给证券交易所缴纳一定的手续费，并且每年给股东一定的回报，集资成本相对较低。

（二）股市主要收益方式

做多	做空	股东分红
• 中国股市主要赚钱方式，股民在低价时买入股票，高价时卖出，赚取差价	• 股民向证券公司借股票，在高价时卖出，底价时再买入，然后还给证券公司，同时给证券公司支付一定的费用	• 发现金给股东，或增发股票给股东。但分红前后账户现金价值不变，这对于散户来说并没有多大的吸引力

价值投资

不管哪种方式，股票买卖都是要一定的手续费的，股票赚钱主要还是靠买卖差价。买股票实际上是对公司的一种投资行为，公司的股票价格与公司的价值是对应的，一个公司不断地发展壮大，股票的价格也理应随着上涨，这就是价值投资。

影响股票价格的主要原因

（一）本质原因

公司的发展情况是影响股票价格的本质原因，公司发展好,赚的钱就多,股东获得的权益就大,股票就会有更多人想买,价格将会上涨。反之价格将会下降。

(二)直接原因

股票的供求关系是影响股票价格的直接原因,想买该公司股票的人如果远多于想卖的人,那么股票将会上涨,如同商品一样。

(三)重要原因

投资者的信心是影响股票价格的重要原因,如果投资者看好公司行业前景,将有许多人愿意投资,股票价格将会上涨。

(四)其他原因

如国家经济运行情况、公司高管变动等,但这些有的是短时间的影响,有的影响不显著。

小知识

炒股的基本流程

现在炒股基本上都是在网上进行,网上炒股的基本操作如下:

1.首先需要在证券公司开户,必须本人带身份证和银行卡去办手续,并申请开通网上炒股。

2.下载一个由开户证券公司指定的网上交易软件,最好不要用别的软件。

3.在银行卡里准备足够的炒股资金,一般够买目标股票100股的资金就可以进行股票买卖了,并且按证券公司告诉你的方法,把你的资金转到证券公司交易的账户里面。

    4. 在股市开市的时间内上网, 用该交易软件就可以进行买卖了。具体买卖的方法按照该软件的菜单提示就可以。按提示输入用户名和密码及交易密码等, 可以向证券公司索取操作指南, 根据指南操作。需要注意的是: 因为网络交易要注意保护电脑的网络安全, 装好防火墙, 并随时打好系统补丁, 避免不安全的软件或邮件。

小案例

老年人炒股需谨慎 谨防诈骗

    2018年10月, 60多岁的张阿姨来到哈尔滨市公安局南岗分局大成街派出所, 向民警诉说着自己被骗的经历。几个月前, 张阿姨经朋友介绍来到位于南岗区一小区内的某公司选购保健品, 在参加保健品讲座时, 该公司负责人高某向包括张阿姨在内的30多名老年人推销两支涨势很好的股票, 即"某港股原始股"和"某蜂业原始股", 称这是最合适老年人投资养老的理财项目。就在大家将信将疑时, 高某拿出了两支股票的授权证书, 同时帮助大家用手机下载股票APP, 实时观看股票走势。因为老人们平日里总听保健课, 高某等人对老人嘘寒问暖, 致使他们对该公司深信不疑, 都纷纷拿出存款和退休金购买了股票。随后, 高某组建了微信群, 每日发布股票的涨势。可好景不长, 2018年10月中旬, 张阿姨突然发现她被移出了微信群聊,随即打电话联系公司负责人高某,但电话始终处于无人接听的状态。这时张阿姨才意识到自己被骗了,于是来到派出所报警。

此后一段时间,大成派出所的民警陆续接到了10余名群众报案,这些受害人与张阿姨有着相同的经历。经过调查,民警发现"某港股原始股"和"某蜂业原始股"为虚假股票。民警于10月31日将公司负责人高某等人在哈尔滨市道外区某小区抓获。

面对各种理财和产品推销,老年人一定要保持清醒的头脑,不要贪图小利,打消"用小钱赚大钱"的念头。凡是有人让你出钱的时候,一定要多留心,切勿轻易将自己的钱拿出来,多关注新闻媒体报道,了解当前多发的各类诈骗手段,提高警惕,加强对诈骗伎俩的识别能力。

第四篇

信托、外汇及黄金理财

风险·收益

▧ 揭开信托和保险的面纱

信 托 理 财

信托

信托就是信用委托，信托业务是一种以信用为基础的法律行为。同时，信托是一种理财方式，是一种特殊的财产管理制度和法律行为，它的核心内容是"受人之托，代人理财"。

按照集合资金信托计划的资金运用方向，信托可以分为三大类：

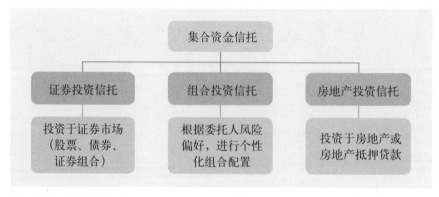

▲ 集合资金信托

（一）证券投资信托

证券投资信托业务，是指信托公司将集合信托计划或者单独管理的信托产品项下的资金，投资于依法公开发行并符合法律规定的交易场所公开交易的证券经营行为。

（二）组合投资信托

组合信托具有高度灵活性和可选择性，且收益分配形式多样的特点。

（三）房地产投资信托

房地产投资信托基金（REITs）是一种以发行收益凭证的方式汇集特定多数投资者的资金，由专门投资机构进行房地产投资经营管理，并将投资综合收益按比例分配给投资者的一种信托基金。

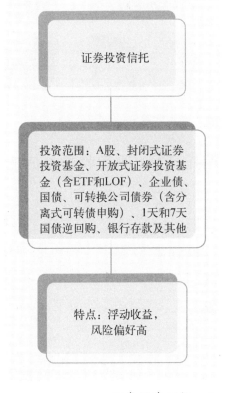

证券投资信托 ▲

投资信托理财 ▲

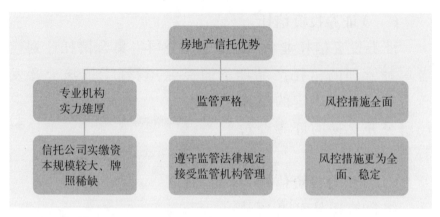

▲ 房地产信托优势

信托产品（固定收益类信托产品）

固定收益类信托产品是指由信托公司发行的，收益率和期限固定的信托产品。融资方委托信托公司（受托人）向投资者募集资金，并抵押或质押资产（股权）给信托公司，以及通过第三方担保等措施，保证到期归还本金及收益。主要运作框架如下：

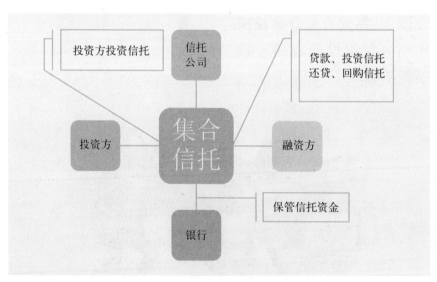

▲ 集合信托运作框架

信托投资的风险分析

信托通过抵押、担保等方式保障资金安全，其违约率很低（2018年约1%）。但是，俗话说"风险与收益并存"，有投资就有风险，如2018年9月的四川昌平信托违约，2018年1月云南省级平台（云南国有资本）在中融信托的违约等。对信托投资的风险分析可以从交易对手、风控措施、项目本身、管理人道德等方面进行评估。

小案例

雪松控股收购中江信托——50亿爆雷

2018年11月底，雪松控股受让中江信托71.300 5%股权，成为中江信托的第一大股东。但是，根据中江信托披露的未经审计的2018年经营数据，其2018年的业绩继2017年大幅下降之后，进一步下降。中江信托在此前由于业务增速迅猛，被视作业界"黑马"。但2018年以来，却频繁曝出项目违约问题。据21世纪经济报道的不完全统计，目前，中江信托有20多个项目存在到期不能兑付的问题，其中包括金鹤系列、金马系列、金海马系列以及金龙系列，总涉及金额超过50亿元！同时，据一名信托业内人士称，中江信托之所以有此类问题，也与其内部风控有关。这个案例说明信托的风险与风控措施和信托公司项目可靠程度有关。

信托界翘楚宋冲——受贿7 300万

山东省某金融公司原副总经理宋冲受利益驱动，再加上监管不力，使得他以权力为筹码，在信托融资方面为他人谋取利益，先后10次非法收受他人财物，受贿总额高达7 300余万元。除收受贿赂外，宋冲还利用职务之便，以支付咨询服务费等名义，将金融公司共计900余万元转出后非法占有。该事件牵扯出的不仅仅是金融管理人的道德败坏，还有金融监管的不到位，这些都会大大增加事件的风险程度。

28.5亿信托违约——长安信托踩雷

南京建工集团（前身：丰盛集团）和南京东部路桥工程有限公司曾向长安信托累计申请信托贷款28.5亿元，目前已经逾期，而这些贷款由南京新港提供连带责任担保。事实上，南京建工集团早已存在债务危机，而南京新港部分股权也由于为其提供担保被冻结。2018年，南京建工的债务危机就已经初现端倪，它的借款余额和二级市场上新发的债券，大多也是拆东墙补西墙，一共有11支债券在存续期共计85亿元。南京建工能否兑付超过百亿的信托和80多亿元的债券，为多笔债务担保的南京新港又能不能全身而退,这都是未知数。该案例说明在进行信托理财时,我们应好好考察交易对手的信誉,了解其实际的财务状况等,同时也要了解担保方的实际情况。

哪些老年人适合投资信托

首先,我们要了解信托产品的特点,从特点出发分析适合投资信托的老年人。其次,从现代社会老年人的投资目的进行分析。

信托产品特点(固定收益类信托产品)

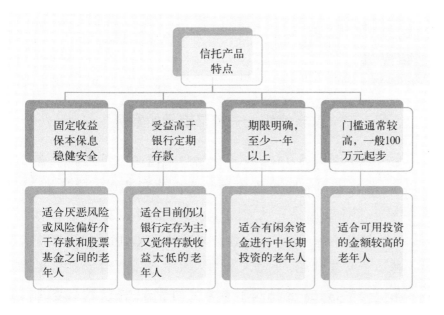

固定收益类信托产品特点

投资目的

除了追求稳定收益和资金安全，老年人投资信托的目的还有家族传承和养老。

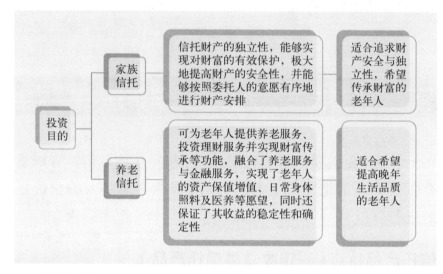

▲ 投资目的

小案例

家族信托——30亿港元的案例

2019年4月9日，香港金朝阳集团的公司主席傅金珠，与其丈夫陈明德已作为财产授予人成立家族信托，傅金珠将集团第一大股东Ko Bee全部已发行股本的50%转让予陈明德，双方各自将所持的Ko Bee 50%权益转让予家族信托，受益人为二人及其子女。该家族信托属于全权信托（受托人不参与主动管理，而是根据委托人的意愿,在其指导下,以事先约定的条款决定信托财产的管理运作和分配方式等),价值近30亿港元。夫妻二人均已有70高龄,借此举尽早为家族遗产做出规划。同时,该方法有效隔离了家族财产和企业财产,保证了家族财产的独立性和安全性,避免往后因经营、健康和婚姻等意外,导致辛苦累积的家族财富出现无法传承的风险。

小案例

养老信托——安信信托的转型升级

安信信托在2016年上半年实现近14亿元净利,其董事长王少钦揭示了安信信托的发展转型升级之道——瞄准大健康高端养老、光伏新能源与高端物流仓储。在高端养老方面,安信信托采取医养结合模式,在上海长风公园附近建立养老住宅,并与上海知名的三甲医院合作,由医院提供高端护理。投资人设置门槛为500万元起,发起一系列长达20年的信托养老计划,老年人可以免费住宿,安信信托利用投资者提供的500万元进行理财,产生理财收入。

老年人如何投资信托

老年人投资信托，首先应了解自身的风险偏好，若为风险厌恶者，则可以选择固定收益类信托产品来保本；其次应了解自己和家庭的收支情况，因为信托产品的门槛较高，通常为100万元起步。但是，以养老信托为例，老年人可以将财产委托给信任的信托公司（受托人），由信托公司（受托人）按老年人的意愿，以为受益人养老的目的对财产进行管理或者处分，或为受益人提供全面养老服务，或将财产或财产权用于养老产业的开发和建设。这对老年人晚年生活质量的提升有着很大好处。但是由于我国养老信托政策较少、发展缓慢、产品单一、投资门槛较高，该信托的发展潜力还十分巨大。投资养老信托不失为一个好办法。

小案例

老人花6 700万元买新时代信托理财血本无归

60多岁的王老太向新时代信托有限公司（以下简称新时代信托）支付6 700万元，购买信托产品，到期后血本无归。2015年10月28日，王老太诉新时代信托不当得利案在内蒙古高级人民法院二审开庭，王老太要求后者返还6 700万元及利息。被告认为，此案是因老人投资失败造成的，属于合同纠纷。

王老太自称,信托产品是某银行北京国际大厦支行员工原某推荐给她的,双方合作多年,她很信任对方。她当时购买的产品名称为"鑫凤1号",但合同被人偷窃并篡改,变成了"13博瑞格"。"13博瑞格"是由信达证券承销、山东博瑞格生物资源制品有限公司(下称"博瑞格生物")发行的中小企业私募债,因违约不能按时兑付利息。

调查发现,2014年11月17日,上海证券交易所对博瑞格生物及时任总经理予以通报批评。通报中称,经查明,博瑞格生物在信息披露方面存在如下违规行为:未就私募债券募集资金违规转移事项进行披露;"13博瑞格"完成发行后,大部分资金被转移至债券担保人关联单位,未全部用于博瑞格公司经营。王老太说:"我根本不知道这个产品,也从来没在这些文件上签字,这上面的签字不是我写的。"

在这个案例中,王老太的合同莫名改变,其名下购买的信托产品是无法被兑付的产品,而王老太根本无从得知合同的变化从何而来。从中我们可以发现,老年人在投资信托产品时,没有合理选择受托人(信托公司)。因此,购买信托产品需要考虑以下几点:

选择优质品牌的信托公司

买产品要选品牌,品牌就是差异化。优质的品牌更让人放心,更有市场话语权。特别是金融投资,安全是第一

位；如果本金亏损，代价太高。安全性才是老人投资首先要考虑的，其次才是合理的收益。优质的信托公司项目来源更加多样，经验更加丰富，风控管理更加科学，风险化解能力更强，发行的规模更高，募集的速度更快。

评估推荐人的专业性

老年人买信托产品一般有相关人员做推荐。信托投资者多数不是金融行业的，对项目的投资价值、运作方式、风险控制等不是非常熟悉，有些项目表面看来非常安全实则危机重重，有些项目看起来风险很高实际很安全。这时候就需要专业人士做讲解、分析和评估，推荐者的专业性就非常重要。

评估交易对手

信托最大的风险来自交易对手的违约。信托合同虽然订得好好的，但是如果交易对手不履约或者欺诈，那么投资者就有可能蒙受损失。交易对手违约主要有两种原因：主观违约和无能力履约。如何评估交易对手？信托的尽职调查是第一道防范手段，尽职调查的重点包括三部分：一是看交易对手的整体实力及其在相关行业中的地位和影响力等。二是看交易对手过去3年的财务数据，主要是资产负债表和利润表。三是看交易对手的金融信用评级。

评估还款来源

还款来源是信托融资类项目非常重要的评估标准，还款来源充分的项目违约风险概率比较低。对于还款来源是否充分需要根据具体项目具体分析。交易对手过去3年的财务数据是最重要的参考标准之一，如果日常的经营性现金流足以覆盖本息,那么还款来源就十分充分。

评估增信措施

对于任何投资,预估可能发生的最大损失非常重要。信托产品的抵押、质押、担保目的就是为了保障一旦交易对手发生违约,可以最大限度降低风险的手段。投资者可以在第一还款来源失效或者不能完全偿付时,借助这些风险控制机制将损失降到最低。

评估风控措施、期限和收益率

走信托融资肯定是因为某种原因不能从银行及时获得贷款,毕竟银行贷款利率比较便宜。融资方付出了更高的成本,项目整体而言肯定不是十分完美,不能用选美冠军的标准来看信托项目,必须接受某些缺陷。因此,需要投资者对风控有一定的理解能力,所以说信托投资者必须具备一定的风险识别能力。风控越是完美,收益率就越低,反之越高。另外,信托期限也和收益率挂钩,期限越短收益率越低;如果要获得高收益,就要牺牲流动性,让期限加长。

评估系统性风险发生的概率

系统性风险即市场风险,即指由整体政治、经济、社会等环境因素对投资项目及还款所造成的影响。这种风险不能通过分散投资加以消除,因此又被称为不可分散风险。因此,老年人选择信托项目时还需要从政策、宏观经济、社会环境等方面来评估信托项目的投资价值,尽量避免陷入系统性风险之中。一旦陷入系统性风险,遭遇损失的概率就非常高。

认 识 保 险

什么是保险

保险是指投保人根据合同约定,向保险人支付保险费,保险人对于合同约定的可能发生的事故因其发生所造成的财产损失承担赔偿保险金责任,或者被保险人死亡、伤残、疾病或者达到合同约定的年龄、期限等条件时承担给付保险金责任的商业保险行为。

保险的种类

保险的分类方式很多,按保险标的可以分为人身保险和财产保险;按保险合同双方的关系可以分为原保险和再保险;以经营保险是否以盈利为目标分为商业保险和社会

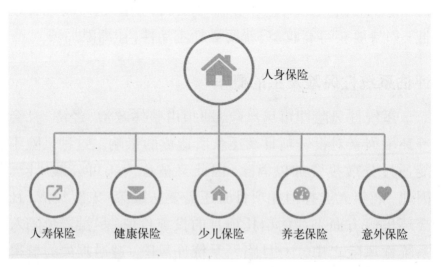

▲ 人身保险分类

保险。一般大的分类方式为人身保险和财产保险。在人身保险方面还可以具体分为：人寿保险、健康保险、少儿保险、养老保险、意外保险等。

人寿保险分为定期寿险、两全保险和终身寿险。保证被保险人因疾病或意外导致死亡，或者存活到合同约定的年龄，而给付保险金的险种。其中，两全保险和终身寿险因为会累积较高的现金价值，因而开发出了一些具有投资功能的险种即理财保险，如：分红保险、万能险和投资连结保险。

健康保险分为重大疾病保险和医疗保险。重大疾病保险保证被保险人在患有合同约定的重大疾病时可以获得一笔保险赔偿金，解决部分治疗费用或者解决受益人之后的部分生活费用等；医疗保险是报销被保险人因疾病而发生的医疗费用等，有些是直接保险医疗费用，有些是对被保险人住院期间的收入损失进行补偿。

少儿保险，针对少儿开发的一些险种，如健康保险、人寿保险和教育保险等。

养老保险，主要是解决晚年生活费用的问题，缴够约定金额的保费后，到约定领取的年龄时，按月或按年或者其他方式给付一笔保险金。

意外保险，保障意外给人们带来的损失，可以是意外造成的死亡、残疾等，也可以是意外伤害带来的医疗费用的损失等。

细说理财保险

（一）什么是理财保险

理财保险是集保险保障及投资功能于一身的新型保险产品，属人寿保险的新险种。既能够依靠保险保障功能对

疾病或灾难造成的风险进行分摊，也可以通过合理的资产配置，实现财富的稳定增值。

通过保险进行理财，是指通过购买保险对资金进行合理安排和规划，防范和避免因疾病或灾难而带来的财务困难，同时可以使资产获得理想的保值和增值。如果运用好理财保险手段，将大大提高理财功效，大大改善人们的生活质量，充分保障人们的经济利益。

（二）理财保险的特点

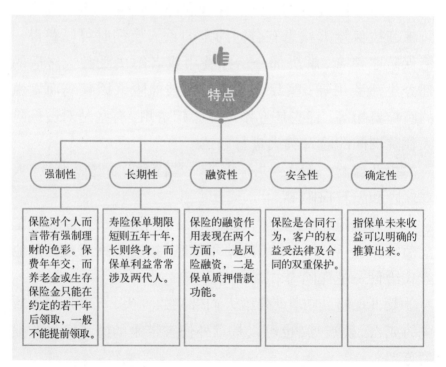

▲ 理财保险的特点

（三）理财保险的类型

理财保险产品由保险公司发售，利用公司自身经营的稳健性、投资规模优势及投资专业分析，为保户争取到最大的投资利益。理财保险主要有分红保险、投资连结保险和万能险。

1. 分红保险

分红保险是投保人在享有一定保险保障的基础上，分享保险公司部分经营成果的一种保险形式。投保者所交的保费保险公司会把其中的一部分拿去投资，保险公司的投资收益投保者可以享受，但是依据一定的比例享有可分配的盈余。这种保险的投资方向比较保守，一般是保本型的，所以可获得的收益比较低，适合稳健投资的人士。

2. 投资连结保险

投资连结保险是一种保险保障与投资储蓄相结合的保险形式。保险公司为保户单独设立投资账户，由专门的投资专家负责运作，投资收益扣除少量费用后划入保户的个人账户。保户不参与保险公司其他盈利的分配。投资账户不承诺投资回报，投资账户的所有投资收益和损失均由保户自行承担。投资连结保险没有保底收益，风险是最大的，所以可能获得的收益也是理财保险中最高的。更适合能承受一定的风险，且能够长期坚持的投资人。

3. 万能险

万能险具有保底利率、上不封顶、每月公布结算利率、复利增长、按月结算的特点。投保者交的保费会分成保障成本、保险公司的管理费用、投资账户三部分。万能保险之所以被称为"万能"，在于投保者可按照自己人生不同阶段的保障需求以及经济状况，来调整保险金额、所缴保费和缴费期，实现保障和理财的比例达到最佳状态，让有限的资金发挥出最大的作用。万能险是风险与保障并存，介于分红保险与投资连结保险间的一种投资型寿险，适合具有长期投资理念的人士。

万能险和投资连结保险的比较

划分方式	万 能 险	投资连结保险
收 益	保底,一般会设置最低保证利率	不保底,风险收益投资人自己承担
投资账户	统一账户,保险公司集体运作	多个投资账户,实现组合式投资
保费用途	身故保障保额+投资理财收益	身故保障保额+投资理财收益
资金安全	本金安全	存在一定的风险
变现能力	与投资连结保险相同	一般在投资5年以后可随时支取
保额可变	按照不同需求调整保额	申请增加或减少保险
投资渠道	投资渠道相对单一	可实现股票、债券、基金等多重投资

小案例

保险不是存款,分红可能不如利息

2009年4月,60岁的张女士来到北京某银行办理存款到期业务时,在银行经理和驻银行的保险业务员怂恿下决定办理"分红保险"。保险公司还派人到张女士家里办理了保险合同等材料。5年之后,2014年4月1日,张女士去保险公司取钱时发现自己被"忽悠"了。张女士回忆起当初业务员说这是一款收益好、利息高的理财产品,但5年下来却发现,这款分红保险的收益还

不如定期存款的利息高。张女士一气之下告到法院讨说法。

张女士以被告欺诈老年消费者为由起诉保险公司，请求法院判令被告返还本金3万元并加倍赔偿原告6万元。但保险公司在庭审时辩称，在张女士投保时已经对其进行了明确提示，说明分红保险的红利有不确定性，原告在投保书和投保提示书上都有签字。法院经审理查明，投保人和被保险人为张女士，险种为分红保险。保险公司于2014年4月10日打入原告账户3.3万余元。

张女士与保险公司纠纷案的争议焦点在于被告是否构成欺诈并需承担双倍赔偿责任。法院认为，由于原告不能提供充分的证据证明自己的主张，法院对原告主张的欺诈事实不予采信。后来法院判决驳回原告张女士的诉讼请求，案件受理费1 000余元由其负担。

老年人如何投资保险

老年人适合购买哪些保险

随着年龄的增长，老年人各项身体机能指标急剧下降，抵御各种疾病的能力严重不足，容易患各种重大的疾病。因此，从需求的角度来说，老年人首先应该选择意外伤害保险；其次可以选择健康险、医疗保险和寿险。

（一）意外伤害险

老年人由于身体不像以前那样灵活，遭受意外伤害的概率远高于其他年龄段。因此，在老年人的保险规划中可以选择意外伤害险。与其他险种相比，意外伤害险具有保费低、保障高的特点，且投保费率与年轻人投保的费率差别不大，保障也较为全面。

意外事故的风险是在每个人的生活中都存在着的，只不过因为职业、年龄、环境等因素不同而导致发生的概率不同。老年意外伤害险是意外险中的一种，承保对象是老年人，其保障责任一般涵盖普通意外、交通意外、意外医疗以及专门针对老年人的意外骨折／摔伤等保障，保期一般是一年，第二年可继续参保。老年人因为年龄特征和身体特征，发生意外风险要比普通人高，购买老年人意外保险来规避不得已的风险，是对老年人生活的比较好的保障。

（二）健康险

健康险是指保险公司通过疾病保险、医疗保险、失能收入损失保险和护理保险等方式对因健康原因导致的损失给付保险金的保险。保险分为财产保险和人身保险两大类。健康保险就是从人身保险分支出来的一支独立险种。健康险，主要是以人的身体为保险标的，当保险人出现疾病或意外事故导致身体伤害而产生额外费用或损失时，能获得一定的赔偿。

步入老年后，绝大部分人的健康状况大不如前，为老年人购买一份健康险非常必要。根据老年人的特点，较适合住院医疗险和重大疾病险。其中，医疗险可单独购买也可作为附加险购买，主要承保因意外或疾病住院而产生的费用报销，一般定额给付住院日额保险金。

（三）医疗保险

老年人属于社会的弱势群体，自身患病的可能性比其他群体大。在国家的社会医疗保障体系还不尽完善的情况下，需要通过商业医疗保险来寻求更全面的健康保障。因此老年人在考虑购买保险时需要考虑医疗保险。

（四）寿险

如今在老年人保险中寿险越来越受到人们的喜爱，老年人除了意外、重疾的保障外一般就是养老方面的保障，寿险的险种有很多，可以在以保障为第一的情况下购买一些寿险产品，既可理财又可得到保险的保障。

老年人如何购买保险

把握额度	注重保障功能
投资商业养老保险所获得补充养老金占未来所需养老金数量的25%～40%为宜。	将投资收益和人身、重大疾病保障搭配设计。

注重保值	尽早投保
购买有保底收益率的投资型商业养老保险产品。	强制储蓄，利用时间为自己赚钱。

货比三家
现在保险产品种类繁多，各家保险公司产品不一，要慎重选择，结合产品投向、产品风险等级等多个因素来综合考虑。

小案例

购买保险要选对

熊先生当了一辈子教师，年满60岁的他退休了。熊先生是一个闲不下来的人，在家里待了几天觉得实在是闷得慌，就经常去旁边的公园里面逛逛。不过最近熊先生有点不走运，这天刚从家里出来，没注意周围情况，骑着自行车横穿小区门口的马路，结果和从旁边骑过来的一辆自行车结结实实地撞上了，被人送到医院检查后，发现是小腿骨折，需要住院治疗。由于碰撞事故双方均有责任，所以熊先生需要自行承担医疗费用。熊先生突然想起来之前曾经投保过一份交通意外险，赶紧给保险公司打电话咨询，结果服务人员告知，因为熊先生当时骑的是自行车，而不是乘坐汽车或火车，所以不在保险范围之内。熊先生这才后悔当时投保的时候，没有弄清楚购买什么保险适宜，真可谓盲目投保要不得。

出院之后，熊先生向周边的朋友询问老年人适合购买什么保险，又专门打电话咨询了某保险公司的服务人员，服务人员向他推荐了老年人健康保险，它是专门为老年人设计的健康保障计划，承保年龄一直到80周岁，为老年人日常生活最容易受到的伤害提供保障，还提供住院护理津贴和专业医疗救援服务，非常适合熊先生。熊先生这才明白这才是适合自己的保险。

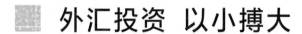
外汇投资 以小搏大

外汇理财产品有哪些

外汇是指一切用于国际贸易中清偿结算的支付手段，外汇主要包括外国货币、外币有价证券和外币支付凭证等。

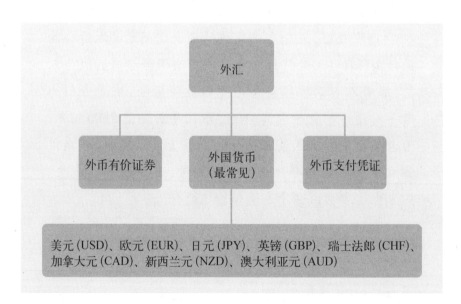

外汇理财

外汇理财,通俗来讲就是通过持有外汇或者投资外汇获得收益。

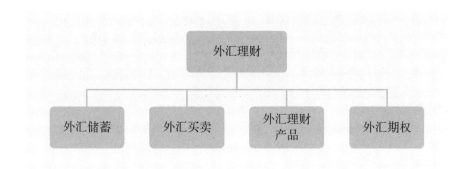

(一)外汇储蓄

外汇储蓄类似于人民币储蓄,但是它又与人民币储蓄不同,即:不同币种之间可以进行兑换,不同币种定期存款的利率有所不同,投资者可以选择币种进行储蓄从而赚取利差。

2019年中国银行不同币种一年期定期存款利率

澳元	美元	港元	英镑	欧元	日元
1.5%	0.75%	0.7%	0.1%	0.2%	0.01%

比较不同币种一年期定期存款利率可以发现:不同币种之间的存款利率相差较大,澳元利率是日元利率的150倍。尤其在持有较多外币的情况下,投资者需要比较不同外币利率对其外币存款收益的影响。

- 优点:存取不受限制,较为灵活自由,风险小。
- 缺点:收益相对较低。

智慧理财

不同币种外汇储蓄利息不同

退休的李师傅手头有10 000美元，如果直接将美元存一年期定息，那么李师傅一年之后只能拿到75美元的利息收益，在不考虑汇率波动的情况下，如果他将美元先兑换成存款利率较高的澳元，再将兑换的澳元存一年期定息，那么李师傅将享受1.5%的澳元存款利率，这样李师傅就可以通过外汇储蓄赚取更高的利息收益。

（二）外汇买卖

外汇买卖指的是通过不同币种之间的买卖兑换、从汇率的涨跌中获取收益。

为了谨慎起见，这里主要介绍外汇买卖之银行外汇宝业务，银行外汇宝作为个人外汇买卖的方式，了解其交易原则及操作步骤。

投资澳元实例

如果退休的李师傅持有712.4澳元分别以实盘方式进行投资按澳元：美元=0.712 4的价位买入美元。李师傅采取的是实盘交易，买入1 000美元；若卖出时的汇率为澳元：美元=0.687 0，因此李师傅亏损：1 000×

（0.712 4−0.687 0）=25.4澳元；若卖出时的汇率为澳元：美元=0.734 0,因此李师傅可以获利：1 000×（0.734 0−0.712 4）=21.6澳元。

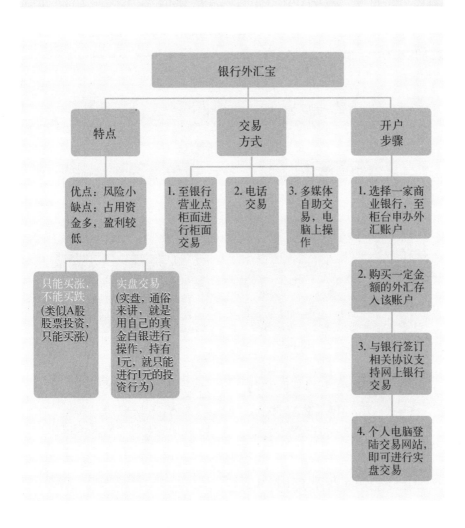

（三）外汇理财产品

外汇理财产品是指银行发行、用外汇购买的理财产品，银行外汇理财产品不需要投资者自身对投资决策作出判

断,理财产品由银行专业人员设计,适合风险偏好程度适中、没有充足精力、时间跟踪汇市的投资者。

1. 固定收益类理财产品

以"农业银行汇利丰固定收益型个人外汇美元理财产品(3个月)"为例,90天的产品年化收益率为4.1%,如果投资者持有本金5 000美元,那么90天后利息为5 000×4.1%×90÷365=50.55美元

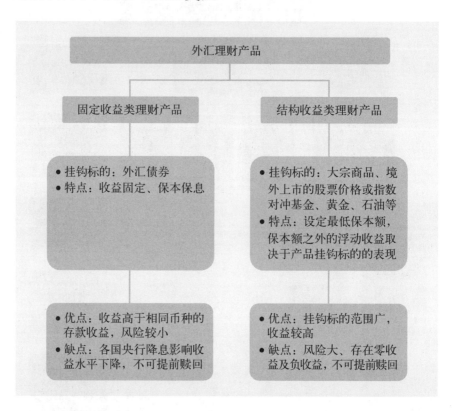

2. 结构收益类理财产品

贾先生在恒生银行购买了"步步稳"系列理财产品。贾先生一次性投入244万人民币,一年期满后本金亏损10%,亏损额为24.4万人民币。该款产品挂钩标的主要是基金、股票,产品类型为保本浮动收益类,但保本比例为90%。这意

味着最坏的情况下产品会产生10%的本金亏损。

（四）外汇期权

期权是一种合约,赋予期权买方在合约到期日或者合约到期日之前以约定价格买进或卖出一定数量标的资产的权利。

可以打个比方,理解期权的意义:李师傅看中一套当前标价80万元的房子,担心房价继续上涨,和卖方签订协议:李师傅以额外支付3万元为条件,约定无论将来房价上涨情况如何,李师傅有权在半年后以80万元买入这套房,这项将来按照约定价买入的权利就是期权。如果半年后房价上涨至90万元,李师傅可以按80万元的价格买入,90万元的市价卖出,扣除3万元的支出,净赚7万元;如果半年后房价跌到70万元,李师傅可以按80万元的市价买入,加上3万元的费用,总支出83万元,卖出后亏损13万元,李师傅也有权利不行使该项期权,这样他损失的就是3万元的期权费,期权买房拥有的是权利,他可以选择行使也可以选择不行使该项权利。

外汇期权是一种权利,投资者可以在未来的某个时间点以约定价格买进或卖出约定数量的外汇资产。为了拥有这一选择权,投资者需要向期权卖方支付期权费。一般情况下,约定时间越久、预期汇率波动越大、外汇利率越高,期权费相应也会更高。国际上许多交易所都有外汇期权交易,我国目前没有实体期权交易所,投资者可以通过银行进行外汇期权交易。

• 优点:外汇期权使投资者能够有效对冲汇率波动实现保值,使风险变得可控。如果汇率波动与预期相符,还将会获得收益。外汇期权作为一项既可收益又可防范风险的

工具,在外汇波动较大的时期,可以作为保值的优选。

• 缺点:期权业务是一种权利,当我们作为期权卖方时,需要承担交易对手不履约的风险。

小案例

养老信托——安信信托的转型升级

退休的李师傅希望在两个月之后用人民币兑换美元,但是担心美元未来上涨,比较好的办法就是李师傅去银行买入人民币对英镑的看涨期权,约定两个月后以事先约定的价格买入英镑。如果两个月后英镑上涨,那么李师傅购买的外汇期权可以保证他仍然以事先约定好的低价进行兑换,如果两个月后汇率下跌,再行权并不划算,李师傅可以直接忽略这项期权,损失的仅仅是期权费。与看涨期权相反的是看跌期权,预估未来汇率会下跌时购买的外汇期权,同样也是为了避免出现不利方向的汇率波动。

外汇理财风险分析

汇率是影响外汇理财收益浮动的直接因素,而汇率的波动是由货币的供给和需求关系决定的。货币政策、国际收支情况、投机行为、市场判断及利率水平均会对货币供给和需求产生影响,从而对汇率产生影响。

货币政策

当国家的货币出现异常波动时,央行可能会采取一些强制性的干预手段对外汇市场进行管理,央行的干预往往通过卖出或者买入本币而使本币维持在一个理想的水平。日本央行就是政府干预货币政策较为典型的案例,在日元出现持续升值时,日本央行进行了卖出本币的干预行为;相反,在日元出现持续贬值时,日本央行则大量买入本币的市场操纵行为。

国际收支情况

国际收支是指以国家为单位的对外经济、金融关系的总结,与国际收支概念紧密相关的就是贸易顺差、贸易逆差,以人民币为本币、美元为外币为例:如美元的供应量增大,在美元需求量不变的情况下,美元供过于求会促使美元的价格下降,人民币的价值就相应地上升;如美元的需求量增大,在供给不变的情况下,美元供不应求会促使美元价格上涨,人民币的价值就会相应地下跌。

利率

利率是一个国家对其货币进行主导的利息手段。举例来讲,如一个国家其货币价值较低,为了吸引投资者对其货币进行投资,则可能会提高存款利率;如一个国家希望通过利率调低其货币价值时,则有可能采取降低存款利率的手段实现货币贬值。

市场判断

货币的价值长期来看体现的是一个国家未来经济发展

的预期,当预期一个国家未来将实现强势增长时,其货币投资也更具有价值,相应的其货币就会实现增值。而当一个国家经济出现下滑,预期未来经济发展较差,则其货币有可能会出现贬值。因此,货币的涨跌往往是对一个国家未来的经济发展状况的期望。

投机行为

投机行为作为一种在金融市场中常见的机会主义行为,在某种程度上影响了资金的流向,成为影响汇率变动的重要因素。投资者需要对信息具备一定的敏锐度,因为市场往往是由多种因素影响的。

外汇理财怎样投资

高收益同时伴随着高风险,投资者应对风险有较为准确的把握,明确自身的风险承受能力,事先对自己计划投资的产品特性进行了解,进而制订合理的投资计划,不能盲目跟风,更不能只看收益率的高低和时间的长短,而应当综合考虑投资的收益性和风险性。

(一)风险承受力较低的老年朋友

可投资外汇储备、固定收益类外汇理财产品。同时,为了规避汇率波动带来的风险,可以适当购买外汇期权进行外汇保值。

(二)风险承受能力较高的老年朋友

可购买风险稍高的结构性外汇理财产品,具备专业知识的可以尝试进行外汇买卖交易。

充分了解该产品的挂钩财产情况和交易规则

一般而言，汇率市场的波动幅度比黄金市场的波动幅度大很多，因此投资者选取以黄金指数作为标的物的外汇理财产品的投资风险就相对较小。资本市场比货币市场更容易造成剧烈波动，挂钩资本市场的理财工具产品的投资风险就要高于挂钩货币市场的理财工具产品。

投资者应考虑到自身流动性需求与投资收益之间的矛盾

对于近期财务状况较差的投资者而言，应尽量选择流动性较高的产品或者具备提前赎回条款的理财产品，应尽可能选择短期理财产品，这样更有助于投资者即时变现的诉求，但同时可能会损失高收益的机会。

黄金理财

黄金理财产品有哪些

黄金作为一款具有避险功能的投资，虽然出现过价格回落的情况，但总体上表现较稳健，被绝大多数的投资者所看好，黄金投资曾一度被认为是最有价值的投资类型，按照是否以持有实物为标的可将黄金理财产品分为以下几类：

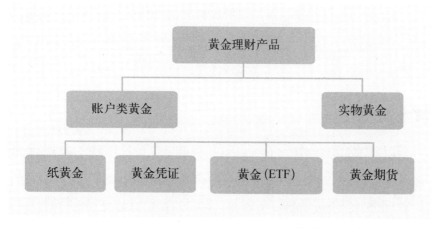

黄金理财产品分类

实物黄金

以持有实物类黄金为标的，如：金条、金币、黄金首饰，侧重保值作用。

纸黄金

又称"账户金"，银行推出的实盘交易，按"克"计算，10克起售，黄金价格上涨时才能够赚到钱，属于稳健投资类。

黄金凭证

商业机构发行的黄金权益凭证，投资者在支付与实物黄金存储费用相当的佣金后便享有随时提取所购买黄金的权利，对于大机构发行的黄金凭证，在世界主要的金融贸易地区均可以提取黄金，也可选择按当时价格将凭证兑换成现金。

黄金（Exchange Traded Fund，ETF）

是指一种以黄金为基础资产，并实时追踪黄金价格波动的金融衍生品。黄金（ETF）在证券交易所上市，投资者可像买卖股票一样交易黄金（ETF）。

黄金期货

以实物黄金作为合约标的物的标准化合约，采用保证金制度，黄金期货价格通常与实物黄金价格之间存在价差。黄金期货允许进行双向交易，即投资者可以在到期时进行实物交割或者平仓。

黄金理财产品的投资组合

对于想要进行黄金投资的投资者来说，找到一款最适合自己的黄金投资种类尤为重要。这里就各种黄金理财产品的特点进行分析，为老年投资者提供参考。

黄金理财产品特点分析

（一）金条＋金饰品等实物黄金

虽然购买金条或者金饰品是最熟悉的黄金投资方式，但是二者也存在一定的区别，一方面在升值空间方面，金饰品相对金条要差一些，另一方面在产品流通性上，因为金饰品是需要变现的且成本不低，所以对于投资者来说，购买金条是一种比较明智的选择。

（二）纸黄金

此类黄金的投资，需要根据银行的报价进行账面上的买卖，不会发生实际黄金的提取和交割，只体现在投资者的"黄金存折账户"上。这种黄金投资方式主要是通过观察国际黄金价格走势，采取低吸高抛的方式赚取黄金价格波动的差价获得利润。

（三）黄金期货

黄金期货采用保证金制度，按照合约约定的时间进行交割。这种交易具有杠杆作用，所以整个交易的盈利和亏损都会被放大。所以投资者要充分了解伦敦黄金行情，而且要具备较强的抗风险能力，对于初步了解黄金交易平台的投资者来说，不宜参与这种投资方式。

（四）银行黄金理财品（黄金凭证）

和黄金期货相比，该种投资方式风险要小很多，随着银行各种鼓励措施的出台，目前很多黄金理财产品都可以做到保本，也就是说投资收益可以做到大于等于零，投资者如果想从中获利，同样需要掌握伦敦黄金行情，对黄金投资市场需要有一定的判断。

纸黄金投资要点

金条+金饰品一般来说是最稳健的投资，安全系数相对较高，但对于纸黄金绝大多数的老年投资者并不太了解，这里就投资纸黄金时需要考虑的因素进行简单介绍。

（一）比较交易时间

通常来说，银行的交易时间越长越好，这样投资者就可以根据黄金价格的波动随时进行交易，比如黄金宝24小时的不间断交易。而绝大多数的银行仅在白天提供交易。

（二）比较报价方式

当前已经开办纸黄金业务的银行在报价上通常采用两种方式：按国内金价报价和国际金价报价。按国内金价报价是按照交易所黄金价格、市场供求情况以及国际黄金市场波动情况等诸多因素再加上银行单边佣金确定的买卖双边报价。

而按照国际金价报价，银行中间价则是国际金价折合成人民币的价格。银行在这个基础上加单边佣金形成报价。采取国际金价报价的优势在于，投资者可以24小时全天候地在互联网或者其他媒体上直接查询到国际黄金价格及走势，获得报价信息的渠道会更有保障。

（三）比较交易便捷性

选择合适的纸黄金投资产品，自然也不能忽视产品在交易过程中的便捷性。可以从交易的渠道、交易的设置等方面来考虑便捷性。目前在市场上推出的大部分纸黄金业务，只需要持有该行的账户到银行开通黄金交易账户就可以进行交易。其中持有中国工商银行的美元账户，还可以省去开户这一步，直接用账户进行交易就行。值得一提的是，中国银行和中国工商银行为了方便投资者的操作，在交易界面上均设置了"交易委托"，交易委托的主要方式是预先设定好卖出价格或者买入价格，假如投资者无暇顾及市场行情，充分利用委托的功能能够为你的"炒金"带来很大的便利。最长的交易委托时间为中国工商银行的120个小时。

（四）比较优惠措施

当前银行的纸黄金交易通过点差收取佣金。佣金价差减去银行的交易点差则是纸黄金的投资回报，所以，选择低的交易点差能够让自己的收益率更高。比如，中国工商银行"黄金宝"业务单边的交易点差是0.4元/克，中国建设银行"账户金"的单边交易点差是0.5元/克。

（五）比较交易门槛

对于投资者来说，交易门槛也是投资需要考虑因素之一，令人欣喜的是，现在市场上的"纸黄金"投资产品越来越具有亲民性，交易门槛与单笔交易的最低要求均比过去有了大幅降低。这就意味着，即使你的资金量不太大，也能够投入黄金市场上分得一杯羹。

投资黄金的风险有哪些

价格风险
- 黄金的价格受外界因素的影响较大，例如政治、经济、军事等变动都会直接或间接地影响黄金的价格，而这些因素是投资者们不能控制的，从而给投资者带来了一定的风险

行情风险
- 正是因为世界大行情的不确定性，因此投资者会出现对行情误判的风险，最终导致亏损

监管风险
- 目前黄金监管政策尚未完善，对黄金交易市场的监管不强，投资者难以获得相关法律的保护

网络风险
- 目前绝大多数的黄金投资都在网络上进行，如果出现网络瘫痪、计算机病毒入侵等突发状况，就会导致信息更新不及时甚至造成投资者无法进行交易，从而造成投资失败

平台风险
- 黄金投资黑平台不时出现，有的黑平台以十分诱人的条件吸引投资者的投资，一旦陷入这种黑平台就是噩梦的开始

平台操作提示风险
- 由于投资者自身具备的知识以及技术存在欠缺，容易凭自身感觉交易，盲目投资

▲ 投资黄金的风险（数据来源：黄金行业分析报告）

黄金理财的戒律

注意国际交易时点的不同

作为全球联动的交易，真正决定黄金价格的大多是伦

敦的场外交易OTC（柜台）市场的交易时间段。因此，部分国内投资者只看白天的交易时段，忽视了夜间的市场波动，这样往往会错过重要的交易行情。

小案例

忽视节日错过行情

刚开始做黄金投资不到半年的李师傅，在黄金暴跌后"抄底"做多（先买后卖），并在五一假期持仓过节，等到节后上班一看，黄金已暴跌了3%。这次操作才让他注意到，原来伦敦五一并没有休假，仍在交易，而正是当天的下跌造成了自己的亏损。

买黄金饰品≠投资黄金

以"中国大妈"为代表的相当一部分消费者并不了解实物黄金的回收成本问题，选择了黄金首饰，由此一开始就输在了资产保值的"起跑线"上。

小案例

黄金饰品回购有费用

60多岁的赵女士购买了100克黄金首饰，消费总额超过3万元。赵女士觉得，自己购买的黄金首饰是可以保值的。然而她并不知道，此次购买的金首饰价格为每克370元,如果要变现,金店回购价是在金交所基础上减去10～20元/克的回购费用。按购买当时290元/克的金价,赵女士若要变现每克将亏损90多元。

选好交易平台

小案例

遇黑平台钱财不翼而飞

60岁的王女士2012年时在一名自称黄金专家劝说下,在该专家的公司下开了户,一开始试水的2万元投资很快赚到了0.5万元。之后,王女士信心大增,立马增加了20万元,然而不久她发现自己账户里只剩几百美元,账面金额不翼而飞。

王女士遭遇的正是地下炒金黑平台,目前我国正规的炒黄金平台只有两种:一是上海黄金交易所的黄金T+D延期交易;另一种则是黄金期货,可以在期货公司开户。

衡量好投资成本

投资者购买实物金条的投资成本为"基准金价+工费+回购费",不少投资者在购买时忽视了工费和回购费,结果导致预计收益与实际收益之间产生较大差异。

小案例

黄金回购还需付加工费和手续费

　　退休的徐先生在黄金刚开始暴跌时加入"抄底"大军，以280元/克的价格买了100克金条，之后黄金很快反弹到299元/克，他以为可以赚1900元，然而回购时才发现盈利仅有300元。原来，每克黄金要收取14元加工费和2元的手续费，因此100克黄金只赚了300元。

跨入互联网理财的大门

互联网理财小知识

随着互联网金融的发展，互联网理财成了人们关注的热点。了解关于互联网理财方面的小知识可以为进行互联网理财打下入门基础。这里将互联网理财的小知识归纳如下。

学习金融知识打好基础

进行互联网理财需要一定的金融理财知识，并不是盲目地选择投资平台。所以投资者一定要加强关于金融方面的相关知识的学习，这样才可以避免步入投资陷阱。

（一）复利计息

复利计息是把本金和利息加在一起来计算下一次的利息。

（二）清算期

"T"即产品到期日，"0、1"是投资者本金和收益到

小案例

假如投入5 000元,年利率为6%,一年下来就是5 300元;第二年,就是以5 300元为本金两年后的本利和为5 618元。值得一提的是,购买采用复利计息的互联网理财产品,需要长期投资才能享受到复利的丰厚收益,短期投资意义不大。

账需要经过的时间,即清算期。这就是经常能看到的"T+0""T+1""T+2"等。要注意,资金在清算期是"零收益",所以清算期越长,利息损失也会越大。

（三）固定收益与预期收益

固定收益,即到期收益是固定的,而"预期收益"是金融机构在发行理财产品时对产品最终收益率的范围估值,只是一个大概的数额,实际收益不确定。

（四）保本比例

在产品到期时,投资者可以获得本金的比率。

小案例

某银行发行的一款理财产品,说明书中写明产品的保本比例80%,意味着到期时本金有20%亏损的可能性。

（五）提前终止

很多互联网理财平台发行高收益理财产品,造成购买理财产品的投资者非常多，理财产品提前被抢购，这样理财产品就有可能被提前终止销售。

（六）年收益率与年化收益率

年收益率指进行一笔投资，一年的实际收益率。而年化收益率是变动的，是把当前收益率（日收益率、周收益率、月收益率）换算成年收益率来计算。

小案例

某款90天的银行理财产品，年化收益率9%，10万元投资，到期的实际收益为 10万 ×9%×90÷365 = 2 219元。

小额先试水

作为新手，要学会小额先试水。这样一是可以考察平台是否安全；二是在试水的过程中可以积累关于互联网理财的投资经验，为后续的互联网理财打下基础。

选择专业风控平台

风控体系是衡量平台是否值得投资的重要因素，完善的风控制度是获取稳健收益的关键，在进行衡量时需从平台的实力、声誉、资金管理等各个方面来考察。

考察理财标的

理财标的就是投资的目标，投资者要看理财标的的信息是否全面，收益是否合理，是否为虚假标的等，另外也要从投资期限、投资门槛等来考察理财标的是否适合自己的

资金状况。

及时观察政策趋势

作为一个投资者，观察整个互联网理财行业的政府政策和发展趋势是非常重要的，因为政府的政策很容易影响互联网行业的发展，而行业发展趋势会进一步影响互联网理财行业的收益。

互联网理财产品有哪些

互联网理财产品基本分类

（一）集支付、收益、资金周转于一身的理财产品

典型代表：阿里巴巴（余额宝）、苏宁（零钱宝）

（二）与知名互联网公司合作的理财产品

典型代表：腾讯（微信理财通）、百度（百度理财计划B）

（三）P2P平台的理财产品

典型代表：陆金所（稳盈－安e贷）、仟邦资都（智盈宝）

（四）基金公司在自己的直销平台上推广的产品

典型代表：汇添富基金（现金宝、全额宝）

（五）银行自己发行银行端现金管理工具

典型代表：平安银行（平安盈）、广发银行（智能金）

热门互联网理财产品一览

2018年互联网理财产品按风险、手机APP使用体验、影响力、覆盖人群、安全性等因素综合排名后，占据前三位的分别是余额宝、理财通、P2P。那么，这三款互联网理财

产品,究竟有哪些特点呢？这里做一下分析。

（一）余额宝

1. 余额宝的定义

余额宝是支付宝打造的余额增值服务。把钱转入余额宝即购买了由天弘基金提供的货币基金,天宏基金通过各种投资组合获取收益,进而进行基金股份分配,投资者即可获得收益。

2. 余额宝的金融本质——货币基金

货币基金是整个理财市场上非常重要的一类产品,就是集合大家的钱,去投资于短期货币市场工具。那么,什么叫货币市场？教科书里的定义是投资超过一年期的金融市场叫做资本市场,少于一年期的叫作货币市场。货币基金的钱全都投资在货币市场中,比如买卖央行票据、商业票据、银行定期存单、政府短期债券、信用等级比较高的企业债券,还有银行之间同业存款,等等。这里的重点是它投资的都是货币市场工具,特点是风险非常低,流动性非常高。再就是集合理财,就是你一百,我八十,他一万,集合起来,小钱成大钱,去买这些产品。这些产品的收益一般比较稳定,风险非常低,流动性还很高,随时可以把产品变成现金供你支取。

3. 余额宝的三大主体

余额宝本质上是一个基金直销产品,天弘基金公司把其发行的增利宝嵌入支付宝的余额宝进行直销。余额宝在运营过程中涉及三个直接主体:支付宝公司、天弘基金公司和支付宝客户,如下图所示。其中,支付宝公司是增利宝的一个直销平台和第三方结算工具的提供者,与客户的接口是支付宝,与增利宝的接口是余额宝;天弘基金公司是基金发行和销售者,发行增利宝,并将其嵌入余额宝直销;支付

宝客户是基金的购买者,通过支付宝账户备付金转入余额宝或余额宝转出到支付宝,实现对增利宝基金的购买和赎回交易。

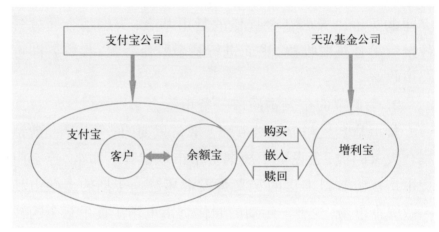

▲ 余额宝三大主体的关系

4. 余额宝的业务流程

- 实名认证
  - 根据2012年12月证监会发布《基金销售机构通过第三方电子商务平台销售基金》第十二条规定:第三方电子商务平台经营者应当对基金投资人账户进行实名制管理

- 转入
  - 转入是指支付宝客户把支付宝账户内的备付金余额转入余额宝,在工作日(T)15:00之前转入余额宝的资金将在第二个工作日(T+1)由基金公司进行份额确认;在工作日(T)15:00后转入的资金将会顺延1个工作日(T+2)确认。增利宝对已确认的份额开始计算收益,所得收益每日计入客户的余额宝总资金

- 转出
  - 余额宝总资金可以随时转出,单日/单笔/单月最高金额100万元

▲ 余额宝的业务流程(数据来源:金融行业报告)

5. 余额宝的特点

操作流程简单，容易学	• 余额宝是将基金公司的基金直销系统内置到支付宝网站中，用户将资金转入余额宝后相应资金由基金公司进行处理
门槛低，购买金额无限	• 相对于炒股或者线下基本投资，有几十块钱就直接通过申请余额宝进行转入之后就可以购买基金，起点比较低
安全有保障	• 如果用户能妥善保管其账户和密码，它可以最大限度地保障用户账户安全，极大地提高了用户的交易安全度
灵活性较高	• 客户可以根据自己的需要随时存取，将投资者的时间成本大大降低。再就是收益到账快，今天买入，第二个工作日基本上可以见到收益
不错的收益率	• 目前，余额宝的利率可观，收益处于均值水平

▲ 余额宝的特点（数据来源：行业分析报告）

小案例

　　假设一年花销为10万元，这些钱可以存在银行的活期存款里，也可以存在支付宝的余额宝里，按照活期利息0.30%计算，那么一年能拿到的利息是300元；余额宝按照年化收益率3%计算，一年能拿到的利息就是3 000元，相当于多了2 700元。如果算细些，这10万元

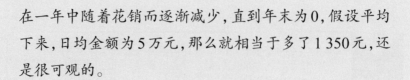

在一年中随着花销而逐渐减少,直到年末为0,假设平均下来,日均金额为5万元,那么就相当于多了1 350元,还是很可观的。

(二)理财通

1.理财通定义

理财通是腾讯财付通与金融机构合作,为用户提供便捷的理财服务平台。在理财服务平台,金融机构作为金融产品的提供方,负责产品的结构设计以及为用户提供账户开立、账户登记等基本服务,同时严格按照相关法律法规,保障用户的合法权益。

2.理财通特点

（1）方便

如今微信非常普及,只要进入页面就可以随时进行交易,大大地方便了投资者。

（2）限额低

理财通的单次买入基金最低只需2元,适合手头钱不多的人进行分散投资。

3.产品类型

在微信理财通中的理财产品大致可以分为以下四类:货币基金、债券基金、股票基金和混合基金。

（1）理财通的理财产品类别

分　类	介　绍	适合人群
货币基金	专门投向风险相对比较小的货币市场	特别适合非常保守、不能接受较大亏损的投资者

续　表

分　类	介　　绍	适　合　人　群
债券基金	80%以上的资产都要投资于债券,长期来看,债券基金的收益要高于货币基金	特别适合能承受中等风险的投资者
股票基金	一般来说就是投资股票的比例不能低于80%的基金	特别适合风险承受能力较高,能够接受长期投资的投资者
混合基金	可以同时投资股票、债券和货币市场等多种金融工具	特别适合风险承受能力较高,能够接受长期投资的投资者

（2）收益的计算

转入理财通的资金收益是按日结算并且金额收益的时间一般由基金公司进行份额确认,对已确认的份额会开始计算收益,收益计入理财通资金内,并在份额确认后的第二天15时后显示收益。值得注意的是每天15时后转入的资金会顺延1个工作日确认,双休日及国家法定假期,基金公司不进行份额确认。理财通对接了4种货币基金,每个基金每天都会公布前一天的收益情况。具体的计算公式为:每日收益=（理财通账户资金/10 000）×基金公司公布的每万份收益。

小案例

假如李师傅在前天15时之前转入理财通4 000元,根据昨天公布的万份收益1.230 2,那么昨天李师傅的实际收益就是0.4×1.230 2=0.492 08元,也就是大约5角。

（3）余额宝 VS 理财通

	理　财　通	余　额　宝
上线时间	2014年1月15日	2013年6月13日
基金产品	华夏基金　华夏财富宝	天弘基金　增利宝
转入与转出渠道	仅银行卡	支付宝　银行卡
担保赔付	中国人保财险	中国平安
转入限制	单卡单日存入最高8 000元，账户总额不超100万元	单日单笔最高不超5万元，账户总额最高不超100万元
转出限制	单日转出最高为6 000元，一天最多转出3次	以银行卡设定的限额为准，一天不超3次
到账时间	一般可以实现在2小时内到账	一般可以实现在2小时内到账

（三）P2P

1. P2P的定义

P2P金融又叫P2P信贷，是一种将非常小额的资金聚集起来借贷给有资金需求人群的一种商业模式，是互联网金融（ITFIN）的一种。P2P的意思是：点对点。在我国被称为"网络借贷"，监管部门将其定义为"个体与个体之间通过互联网平台实现的直接借贷"。

2. P2P的业务模式

纯平台模式和债权转让模式

• 纯平台模式中，网贷双方在平台上直接接触，一次性投标达成；债权转让模式中，让专业放贷人介入网贷关系中，一边放贷一边专访债权来连通出借人和借款人

无担保平台模式和有担保平台模式	• 无担保平台仅发挥信用认定和信息撮合的功能，提供的所有借款均为无担保的信用贷款。有担保平台模式只提供金融信息服务，由合作的小贷公司和担保机构提供双重担保
纯线上模式和线上线下相结合模式	• 线上模式中，用户开发、信用审核、合同签订到贷款催收等整个业务主要在线上完成。线上线下相结合模式，贷款人在P2P网贷平台申请借款，由平台通过线下实体门店、风控团队、小贷机构等对贷款人进行征信、还款能力等方面调查，并进行评估审核，借款通过后，发布至互联网上，吸引投资人融资

3. P2P在中国的发展过程

起步发展期	• 2007～2012年，照搬国外，遭第一波违约风险
快速发展期	• 2012～2013年，P2P借贷中国模式形成
风险爆发期	• 2013～2014年，高息自融，恶性事件频发
行业调整期	• 2014～2017年法律法规逐步完善，准入门开提升
行业成熟期	• 2017年以后，市场监管体系逐步建立，行业本土化进程逐步完成

P2P的发展历程 ▲

（数据来源：中国网络借贷（P2P）行业专题分析）

4. P2P的盈利模式

P2P平台的盈利主要是从借款人收取一次性费用以及向投资人收取评估和管理费用。主要有5种盈利模式：推荐费、手续费、广告费、定价费、管理费五种模式。

推荐费	许多互联网金融企业向各大金融机构推荐需要贷款的客户，并收取相应的费用，这主要靠的是平台的细致匹配
手续费	平台通过撮合借贷双方交易与提供相关服务收取一定的手续费
广告费	互联网、金融网站往往成为传统互联网企业与金融机构的广告投放点，因此，广告费也是各大互联网金融网站的收入
定价费	给金融机构做客户信用评估的收费服务或是协助金融机构给风险定价。互联网金融企业运用网络平台对用户行为数据进行挖掘和分析，然后再出售给对口的金融机构
管理费	管理费按贷款总额的一定百分比计算，一次或分次付清

5. P2P资产的分类：有抵押物的和无抵押物的

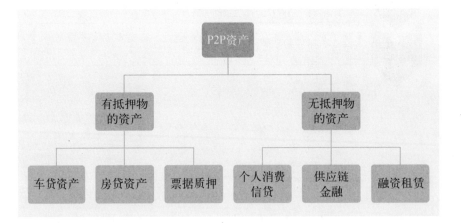

车　贷	房　贷	信　用　贷	票　据	保　理
主要是"车辆质押"，就是把车直接押给贷款公司。这类客户资质普遍比较差，急用钱，但是借款期限短，一般是一至三个月左右。像众贷汇就是做车辆质押贷款的。"以租代购"这种模式借款期限普遍在两年以上，现在开始慢慢兴起。	房贷的行业术语就是红本抵押，这类借款额度普遍都比较大，动辄几十上百万。这类借款需要做房产抵押登记证和公证，借款额度一般在房屋评估价值的八成左右。很多平台现在都还在做房贷。	这类贷款全凭个人征信和资质获取借款款。但是信用贷款也分为个人信用贷款和企业信用贷款。对于放款方来说，信用贷是风险最大的一类借款模式。他的借款利息也是最高的。	这类资产模式主要针对的是银行承兑汇票。承兑汇票是指办理过承兑手续的汇票。即在交易活动中，售货人为了向货人索取货款而签发汇票，并经付款人在票面上注明承认到期付款的"承兑"字样及签章。付款人承兑以后成为汇票的承兑人。经购货人承兑的称"商业承兑汇票"，经银行承兑的称"银行承兑汇票"。	保理（Factoring）又称托收保付，卖方将其现在或将来的基于其与买方订立的货物销售／服务合同所产生的应收账款转让给保理商（提供保理服务的金融机构），由保理商向其提供资金融通、销售账户管理、信用风险担保、账款催收等一系列服务的综合金融服务方式。它是商业贸易中以托收、赊账方式结算货款时，卖方为了增强应收账款管理、增强流动性而采用的一种委托第三者（保理商）管理应收账款的做法。

6. P2P的风险

在经历了一连串的跑路、倒闭和大额坏账事件后，使P2P成为一个"扑朔迷离"的行业。P2P行业的风险如下：

（1）平台虚拟化的风险

由于网络交易是一种虚拟性的交易，导致无法认证借款人的资信情况，同时基于虚拟的平台服务，其真实性和安全性都难以得到保障，因此P2P贷款容易产生欺诈和欠款不还的纠纷。

（2）缺少投资者的风险

没有投资者，是P2P平台最大的风险，投资者是P2P平台的"衣食父母"，生存支柱。但是当前国内的P2P投资者群体本身也蕴藏着行业性风险，主要表现在以下两个方面：

投资者的认知和心理	• 很多的投资者买了新的金融产品后，完全不懂这个金融产品的风险和收益。例如那些享受到短期高收益的投资人未必知道背后隐藏的风险。这些风险一般是很高的，一旦发生可能承担的风险也是巨大的，有时甚至超出自己的预期。目前绝大多数的P2P平台无法实现100%的兑付，这就意味着和投资者广泛的兑付心理预期产生了距离，而这种距离在敏感时期就意味着较大的风险
投资者没有可用的、有效的分析工具	• P2P不能像股票市场那样运用各种各样的分析方法、软件，有各种的监管机构。在互联网金融面前，投资者普遍使用非常原始的选择方法，有时甚至只是凭主观印象来判断P2P平台的创始人是否可信，目前，P2P平台的投资人的结构和20世纪的中国股票市场一样，散户为主，很多人只是单纯地凭着胆量在做交易。然而，靠散户支撑的市场是不稳定的，一旦线上波动大就会影响线下员工的提成，团队就很难稳定，会引发一连串的问题

（3）流动性的风险

这是金融市场固有的风险，一度有人认为，"点对点"的P2P平台能够有效解决流动性危机，因为"点对点"规避了同一时点大规模挤兑的风险。但是,很多P2P平台的主要销售量都集中在固定期限的产品(比如3个月、6个月、1年),有的产品在投标过程中能够做到分散和"一一对应",产品到期时,投资者持有的原始债权未必同时到期,这时就依赖投资者的继续投资或新进的投资来保持流动性,承接这些未到期债权。但如果没有这些持续的投资和新进的投资,P2P平台就会出现流动性紧张,投资者信心缺失的风险,而在100%兑付预期下的投资者就会理所当然地认为,只要产品到期就应该无条件兑付,但在实际的生活中一般达不到,这就造成了流动性的风险。P2P金融行业还没有流动性救济机制。传统金融机构尚有银行间市场可以拆借,还有央行作为最后还款人,但P2P行业是没有的,既没有市场化的流动性交换市场,也没有政策性的流动性救济机制。流动性风险非常敏感,但是目前并无行业性或系统性的解决方案。

(4)投机风险

"一个巴掌拍不响",投机这种事情,更是"众人拾柴火焰高"。虽然P2P市场还不大,但其中也充满了投机性。目前P2P行业的投机者主要包括:

投机型的创业者	·中小型企业的企业者是市场的决定性成长性力量。但是一些创业者并不是本着对目标客户群提供优质服务、帮助他们解决问题开始行动的,相反很多的创业者过度关注热点,不求质量,只求流量,希望迅速的做大估值就退出,这也是行业的风险性的来源之一
投机型的投资者(理财人)	·很多投资者只求高收益,不顾高风险,总觉得"会有人兜底的,实在不行政府会兜底的"。这类既不懂产品,又有刚性预期的投资者,也是行业的风险来源

投机型的风险投资机构	• 总有一些风险投资机构觉得只要能迅速地做出流量，再把估值做出来，用最短的时间赚到钱，以后的事情就与我没有关系了，这种行为会导致人力成本、资源成本大为提高，使整个行业的运营成本提高
"市值管理"机构	• 有的公司，刚刚买了一套外包的P2P软件，就出现了几个涨停板。在这种情况下，一些上市公司借势进行"市值管理"，或投资，或发起，或收购P2P平台；其中不乏只是为了"管理市值而已"的公司

（5）"暗黑"风险

目前的中国P2P行业基本处于一个混沌不清晰的状态，这跟它所倡导的降低信息不对称、提高透明度似乎相互矛盾。尤其是线下业务的情况，每个公司都在根据自己的想法做业务，模式、产品、数据都不清晰，这就造成了信息的隔离；机构和机构之间的信息隔离，机构与投资者之间的信息隔离，机构和监管机构之间的信息隔离，如"灯下黑"一样，一片光亮，但我们看不清楚它到底是什么样的。当它暴露出来的时候，可能会让人措手不及；我们姑且称之为"暗黑风险"。不过，目前的一些地方政府和行业协会正在努力建设P2P的产品登记、信息披露和资金托管制度。

（6）监管风险

在中国目前的状况下，监管风险可能有：

金融监管改革的进程	• 中国的金融监管正处在改革和创新阶段，但这是一个相对缓慢的过程

"楚河汉界"的监管思维	• 比如说将"传统金融"和"互联网金融"进行划分，区分谁是主体，谁是补充，哪个市场属于"传统金融"，哪个市场属于"互联网金融"，互联网金融并不是一块领地，而是互联网技术发展让金融业逐步进入新的阶段，这也是一种风险，目前已经逐步"渗透"到各类传统金融领域（如果盲目"渗透"，也是风险），却无法预知"楚河汉界"将划在哪里
审批与门槛问题	• 审批本意是"选好人"和"选能人"，于是设定了一系列门槛，比如较高的资本金、发起人的财务指标、严格的人员资质等，导致企业进入成本较高，为了达到"好人""能人"的标准，有的企业甚至不惜作假。是否通过"审批"的方式来解决P2P准入问题，尚无定论，不过，减少行政审批已是改革大势

（7）实地考察匮乏的风险

有的平台可能不是当地的，考察来回比较麻烦，投资人不会在没有受邀请的情况下贸然去考察，除非对这家平台很了解很感兴趣才会去。因而投资人了解的情况也会参差不齐。

互联网理财的风险和收益特征

互联网理财的收益特征

互联网理财的收益一般要高于银行的年化收益率，这是为什么呢？

（一）"玩法"不一样

投资人购买理财产品的实质是放贷，但是简单的借贷关系由于银行第三方的介入，使得实际付出的高利息，被中间的金融机构以手续费的形式层层抽取，最终到投资者手

里所剩无几。同样金额的放贷，互联网的投资人和借款人可以直接实现资金的对接，借款人支付的高利息直接转换成投资人的高收益，平台在其中只是承担了信息传递的角色，收取少量的中介费用。

（二）"门槛"不一样

银行的借款门槛高，许多急需钱的个人和小微企业直接被拒之门外，即使符合银行的贷款条件，但是由于银行贷款需要经过诸多的抵押以及验证程序，流程冗长，最终贷款的金额也非常有限。

而网贷门槛低，可以为更多的个人或小微企业"雪中送炭"；操作流程简洁，从而节省了时间成本，给个人和小微企业带来了极大的便利。

互联网理财的风险特征

收益率高于银行存款数倍的互联网理财产品以及看起来几乎完美的投资平台，使得互联网理财产品攻城略地，规模瞬间"秒杀"诸多传统理财产品。然而，互联网理财也存在一定的风险因素，如风险提示不足、违规宣传高收益、担保不"靠谱"等。

（一）风险提示不足

目前，以"余额宝"为代表的互联网理财产品是以货币基金为主要的理财产品，普遍属于风险较低的金融产品。但是普遍的宣传是互联网企业忽视了对风险的提示，只是片面地强调了收益率。

（二）违规促销，无序竞争

一些互联网企业为了赢得市场份额，不惜自掏腰包发放补贴，而《证券投资基金销售管理办法》明确规定，基金

销售机构不得有抽奖或回扣等行为。众所周知的数米基金网在收到监管部门的严厉处罚后，此类违规行为大为收敛。但仍需谨慎，不排除一些基金公司打擦边球行为，扰乱了市场，带来了不公平的竞争。

另外，投资者仍需明白，判断货币基金的收益不能仅看历史的业绩，需要结合货币市场利率走势，进行综合性的判断。

（三）即使有保障也不一定就靠谱

多数互联网理财产品均宣传由保险公司全额承保，但是，就实际情况而言，投资者仍要注意账户安全问题，因账户数据丢失导致资金损失而未得到赔付的报道屡见不鲜，对于投入大额资金的投资者应谨慎。

老年人如何进行互联网理财

互联网理财的基本原则

（一）有效分散投资

投资者购买的风险型投资产品的占比可简单表示为：100−投资者年龄，年龄越大购买的风险型的理财产品的比例应当越少。

（二）结合实际投资

如果老年人心理承受能力较弱，最佳的方式是购买稳健的理财产品；如果家中有小孩，可进行教育类理财产品的购买；如果储蓄很少，则可选择活期存款。

（三）坚持"四问"原则

1. 问基本信息。通常来说在理财产品说明书上会注明理财产品的名称、类型、风险指数等基本信息，在决定是否购买此类理财产品时应先进行充分的阅读并采用打电话或口头咨询的方式了解理财产品，再做决定。

2. 问理财产品销售主体。相对于其他理财产品来说，银行理财产品是一种较安全的理财产品，因为银行理财产品不会委托外部机构进行代销，只会通过银行内部进行销售。

3. 问投资资金流向。对于投资者而言，收益率无异于是大家最为关心的，老年人在收到投资收益率远高于正常水平的收益率时，一定要保持清醒，问明白理财产品的投资趋向。

4. 问签约主体。通常来说，银行销售的理财产品都设置了保障金条款，这对保障老年人的基本晚年生活意义重大。因此，银行的理财产品是比较适合老年人的。

（四）咨询专家意见

由于老年人普遍缺乏理财知识和风险规避意识，思维能力下降，因此老年人在进行投资理财时应做好前期的准备工作，可以在平时多观看财经类节目，听取专家的建议和意见。

（五）进行合理消费

老年人在消费支出上，同年轻人存在很大差异，因此，要学会合理消费。在瓜果蔬菜、体育锻炼方面应增加开支，增强体质，减少医疗支出。

（六）强化风险意识

目前很多骗子利用老年人辨别能力弱的缺点，专门利用伪造外币方式对老年人实施诈骗，老年人要先到银行进行外币鉴别，若确认为真币后再进行兑换，还有一些骗子骗取老人的钱进行非法集资活动，利用各种花言巧语引诱老

人，最终使其深陷其中。针对骗子的种种非法行为，老年人要时刻保持高度警惕的心理。此外，老年人不应随意将有价证券借给他人，让他人进行抵押贷款。

四种不可取的理财方式

（一）炒股。投资股票需要较高的金融方面的专业知识，投资者需要清楚地知道杠杆原理、会看k线图，读懂股市行情等。另外股票的最大的特点是高风险，高收益。对于追求稳健收益的老年人来说并不适合。

（二）基金（股票型和指数型）。这个门类的基金实质上都是投资型的股票，并不适合老年人理财。

（三）银行结构性理财产品。银行的结构性理财产品并不是跟银行存款一样，而是挂钩资产，如股票、外汇、贵金属，这些产品最大的特点是资产价值不断地波动，最终收益不固定，风险系数较高。

（四）信托理财产品。信托"刚性兑付"的特点，极大地赢得了老年人的青睐，但信托的门槛较高，一般在100万元以上，一旦投资中出现问题损失会很大，所以投资信托理财产品一定要慎重。

第五篇

其他理财

新型·传承

 投资房地产

中国养老地产的投资前景分析

人口趋势

我国正步入老龄化社会，根据中国产业信息网统计数据显示，2002年至2016年间，我国65岁及以上年龄的人口占比呈现快速增长态势。根据这一人口结构的趋势变化，未来我国将面临严峻的养老问题。

老年人口抚养比变动

老年人口抚养比指的是每百名劳动年龄人口需要负担的老年人数量，2011年至2017年，老年抚养比从12.27%持续增加至16.08%，该指标的快速增长，也预示着未来社会将面临的巨大的养老负担。

老年人口规模分布

根据民政部和全国老龄办的数据测算，空巢老人、失能老人、高龄老人将占据老年人口的绝大部分,空巢化、失能化等现状使得传统家庭养老模式面临挑战。

养老供需失衡

目前我国公办养老机构价格适中、床位大多比较紧张;民办养老机构价格差异大、服务水平参差不齐。公办养老机构以其较高的性价比吸引了老年人,但是公办机构存在"一床难求"的现状。民办机构水平差异较大,中高端民办机构价格高昂、入住率低,低端机构虽然价格低廉,但是人员配备及服务水平上存在明显不足。为了应对日益严峻的养老形势,国家倡导"9073"养老目标。

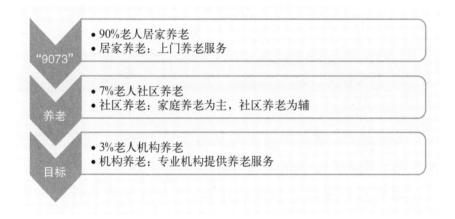

- "9073" ● 90%老人居家养老
  ● 居家养老:上门养老服务
- 养老 ● 7%老人社区养老
  ● 社区养老:家庭养老为主,社区养老为辅
- 目标 ● 3%老人机构养老
  ● 机构养老:专业机构提供养老服务

结合我国目前养老供需不均衡的现象,以及国家倡导的养老目标计划,社会需要大力发展社会养老服务业以解决这一矛盾,实现国家养老目标。

传统地产困境

根据国家统计局数据显示,2011年至2016年我国地产存量总体呈现增加趋势,2017年国家地产政策收紧,面对

传统地产销售的瓶颈,房地产商也在积极探索新的适应模式。2014年国土部指出应将养老用地纳入国有建设用地供应计划,这对养老地产是很大的利好消息。养老地产因其潜在的消费需求和利好的政策支持成为投资的新焦点。

综合人口趋势、老年人口抚养比变动、老年人口规模分布、养老供需失衡、传统地产困境等方面因素分析。随着我国老龄化程度加深,其中独居、失能老人比例较大,国家财政不足以解决全部养老问题,养老问题形势严峻。国家已经出台相关政策鼓励养老产业发展,养老地产作为养老产业的重要一环,与老年人的养老问题息息相关。而作为传统房地产目前正在升级转型,在养老地产存在重大缺口,传统地产遭遇瓶颈的情况下,养老地产的未来发展值得期待。

养老地产的投资模式

养老地产,通俗来讲指的是为老年人开发,符合其商品需求的养老地产,比如养老社区或者老年公寓。

老年人与年轻人对居住环境、配套设施等条件的诉求存在不同,养老地产应体现出其适老性,也就是具备较强的老年属性。养老地产结合了养老和地产,但究其本质还是以地产为载体让老年人实现更好的养老。

养老地产运作及投资模式

养老地产的形式日益丰富,不同开发商也推出了不同的运作模式来吸引更多的投资者,那么对于老年人来说,可以通过什么样的途径投资养老地产呢?

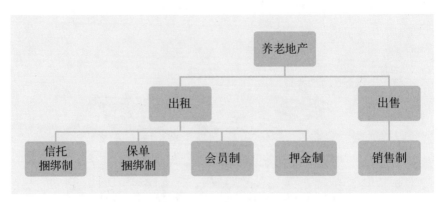

（一）信托捆绑制

1. "信托+养老地产"模式

简单来讲，就是投资者通过购买信托产品（信托，简而言之，委托人出于对受托人的信任，将资产托付给受托人进行管理的行为，在这里，投资者是委托人，信托公司是受托人，委托人通过购买信托公司产品即进行投资，获取收益），一方面获取相应的货币收益，另一方面获取相应的养老消费权益，具体表现为入住养老公寓等养老服务。

2. "信托+养老地产"投资前景

信托型养老产品作为信托公司与养老机构合作的产物，为客户提供了养老地产投资的新选择。客户可以通过在购买信托产品获取收益的同时，还能够获得相关养老服务的权益，这样使投资者的投资兼具了金融属性与养老需求。但是，目前养老信托的认购门槛仍然较高。对具有养老需求、有一定资金实力同时又有理财目标的投资者来说，是一项不错的投资产品。

（二）保单捆绑制

1. "保险+养老地产"模式

"保险+养老地产"模式是通过购买保险理财产品，可以使投资者在获取保险利益的同时获取养老消费权益。

2."保险+养老地产"投资前景

随着百姓保险意识的增强,以及相关养老服务业的快速发展,社会保险与个人养老相结合的方式不仅适应了未来社会的养老需求,而且也为百姓提供了新型的养老选择。投保人可以在获取收益的同时,享受医疗、养老服务等,但是目前其投资门槛较高,需要投资者权衡自身经济承受能力,但是这一模式仍可以作为投资者今后投资的一个方向。

（三）会员制

1."会员制"养老地产模式

会员制社区养老采取俱乐部式的养老模式,老年人通过办理会员卡并缴纳年费的形式入住养老社区,后期享受相关房屋使用权及相关养老服务。

2."会员制"养老地产投资前景

"会员制"养老地产运作模式可以使老年人获得房屋使用权及专业化的养老服务。但是由于收费标准较高,对于那些对养老具有较高要求且具有一定经济实力的老年人而言,可以作为一项养老投资。

（四）押金制

1."押金制"养老地产模式

"押金制"养老地产运作模式是老年人先缴纳一笔押金,然后按月支付租金,押金最后返还,老年人以此获取养老地产使用权及相关养老服务的运作方式。

2."押金制"养老地产投资前景

"押金制"养老地产是目前国内常见的养老地产运营方式,相当于以收取租金的形式为投资者提供养老服务,入住方案也较为灵活,可视老人情况而定,是目前流行的养老

地产投资方式。

（五）销售制

1."销售制"养老地产模式

"销售制"养老地产是比较常见的养老地产投资方式，投资者可以通过购买的方式获取养老地产的产权。

2."销售制"养老地产投资前景

"销售制"养老地产是目前需要购置房产专门用于养老的老年人的首选。老年人通过购买房产，在获得房屋产权的同时，也住进了更适合养老的环境中，是有一定投资价值的房地产投资。

以房养老

老年人的养老问题正受到社会的普遍关注。目前，老年人的养老方式主要集中在子女近亲赡养、退休金、社保金等方式。但是，面临未来巨大的老年人养老需求，而公共财政还无法解决全部的养老问题，需要推广更多养老形式以更好地解决我国老年人养老问题，"以房养老"可以在很大程度上缓解这一养老难题。

"以房养老"指的是出售、出租、抵押现有房产以换取相应的养老金或养老服务。

（一）出售型

1.卖房养老

"卖房养老"顾名思义，是老人选择出售自有住房，以房款补贴其入住养老机构等费用。

北大教授钱理群在2015年卖掉原有住房，和妻子搬进位于昌平区一处养老社区接受养老服务，每月向养老社区支付固定金额的费用，享受其提供的配套养老设施及服务。

钱教授以房养老的方式是对传统养老模式的突破,也是对新型养老模式的认可。钱教授认为入住养老社区一方面能够享受便利舒适的养老服务,另一方面也满足了其自身需求。入住养老院可以免去打理家务、准备饮食等日常琐事,不但能够减轻家务之累,同时匀出的时间有助于钱教授夫妻进行个人创作。

2. "以大换小",差价养老

"以大换小"的养老地产模式,顾名思义就是,老年人将手中持有的较大面积的房产进行处置,换取较小面积的住房,以置换的差价进行养老。

老年人在经过几十年的奋斗之后往往拥有自己的住房,而随着孩子长大成人、自力更生并独自成立家庭后,老年人的居住空间也显得较为宽敞,这也给"以大换小"的养老房产模式提供了前提条件。此外,老年人并不像年轻人需要每日上班,并不一定需要居住在繁华的市区,可以选择在安静的郊区购置面积适宜的养老房,郊区相对较低的房价,可以让老人拥有较多的置换差价,可以享受更好的养老生活。

"以大换小"的养老地产模式在新加坡较为成熟,新加坡建屋局鼓励独居老人通过建屋局将大组屋置换为小公寓,同时,住建局将相应的置换差价补贴给老人以助其更好地养老。老人在保证其居住条件的基础上还将收获一笔养老金,同时也有助于政府盘活现有地产存量。

(二)出租型

以房租养老,老人将自有房屋出租,以租金补贴其养老机构费用。对于有房无钱,又同时希望能够进入养老机构进行养老的老人们来说,这是一个不错的选择。

在上海市政府的大力推广下,上海建设银行就与上海

市政府达成战略合作，老年人可以将闲置房源委托至建行旗下上海建信住房服务有限责任公司，通过建信住房将房子进行出租，获取相应的长租收益，从而支付相关养老费用。老年人领取租金收益后，可选择适合的老年人公寓或者养老机构实现新形式的"以房养老"。

（三）抵押型

老人将自有房屋抵押给银行、保险公司等金融机构，以换取相应数额养老金。

这一方式就是常见的"倒按揭"，主要是老人将房屋抵押给金融机构，金融机构在综合评估后，定期支付老人固定钱款，老人并不用搬离原来房屋，仍旧享有原有房屋的居住权，一直可以延续至老人去世，在去世之后，金融机构将抵押房屋进行变卖处置，扣除相应的贷款本息，剩余价值（房价扣除已支付的钱款总额及利息）归抵押权人所有的养老方式。

旅游地产是否适合老年人投资

旅游地产投资是房地产投资中的一个分支，对旅游地产而言，旅游是地产的附属品。

在宏观经济政策调控影响下,房地产开发商也在寻找新的投资热点,其中旅游地产凭借其政策导向性和资源导向型受到房地产开发商的青睐,投资者也对旅游地产投资表现出更加浓厚的兴趣。

投资旅游地产注意事项

随着旅游业的快速发展及国家交通网络的全面遍布,旅游地产投资已经受到投资者的青睐。但是旅游地产的投资也需要把握好投资方向,这样才能够使旅游地产投资变成一项好的投资。

相较于其他类型的房地产投资,旅游地产的投资有其特殊之处,因此在投资旅游地产的时候需要注意以下事项。

(一)旅游地产投资周期较长

旅游地产具有较长的投资回报周期,变现能力可能较差,不同于热门城市的住宅房,在有变卖需求的时候可能无法立马抛出,某种程度上,这属于一种长期投资。

(二)旅游景点选取很重要

旅游地产依靠着当地丰富的旅游资源,因此老年投资者在进行旅游地产投资时,需要考虑旅游地的投资价值,越能吸引游客的景点,其客流量越大,旅游地产的价值越大,并且旅游地产的消费人群往往为游客,同时需要关注旅游地的周边配套设施是否便捷完善,这对其投资价值将产生很大影响。

(三)产权问题需谨慎

旅游地产存在许多土地属于农村集体地产的情况,土地使用的手续较为烦琐。为了避免交易流转时出现不必要的纠纷,投资者在进行旅游地产投资时,需要明确土地归属

▲ 开发商买地

及产权性质。

（四）旅游具有季节性，考虑淡季收益

旅游地产是依托于旅游产业，由于旅游产业存在淡旺季现象，因此在投资之前需要进行一番实地调查，避免房地产开发商夸大其词、虚报预期收益，投资者应谨慎评估景点淡旺季的时间周期及客流量，客观估算预期收益率，并考虑淡季应对计划，使旅游地产投资的收益最大化。

老年人的旅游地产投资

（一）养老与旅游相辅相成

随着老龄化的加剧，养老产业的全面布局，旅游产业也与养老产业发生了融合。两种产业相互促进、实现共赢，不少老人热衷于旅游地产投资。

一方面，旅游地产可以作为养老地产的新补充，老年人可以挑选心仪养老的旅游地点养老。另一方面，旅游地产作为一种房地产投资方式，老年人可以通过这项投资实现收益，因此旅游地产受到老年人的追捧。

（二）老年人怎样才能更好地进行旅游地产投资

1. 选择具有投资价值的旅游景点进行旅游地产投资

旅游地产的价值受到所在景点的影响非常大，在旅游景点附近带有产权性质的地产，其升值空间也相较于其他地产更高。应挑选成熟的、周边设施健全的、未来长期看好的、具有投资价值的景点进行投资。

2. 挑选信誉度高的开发商

对于不具备专业地产研究的老年人，在挑选开发商时可以选择品牌知名度较高、对旅游地产投资有一定投资经验的大型企业。不要轻信不知名开发商的广告宣传，对于超额回报持谨慎态度。

3. 采取托管方式进行专业委托管理

由于缺乏专业管理知识，投资者可以将自己能够作为旅游地产的房屋以托管的形式委托给托管方，托管方与委托方签订协议，托管方给予委托方固定的回报，而托管方同时享有对房屋的使用权和经营权，可以对房屋进行转租，在此期间的管理及维修费用交由托管方承担。

但是托管也存在一定的风险，因此在进行托管时要注意：首先，由于旅游本身具有一定的周期性，因此在签订托管协议的时候，委托人需要明确合同条款，仔细查看租金等明细。其次，由于托管方往往是开发商下属的物业管理公司，需要考虑其物业管理水平，物业管理水平越高，未来升值空间越大。

 遗嘱继承

遗嘱订立

遗嘱

遗嘱是指人生前在法律允许的范围内，依照法律规定的方式对其遗产或其他事务所作的个人处理。

继承人

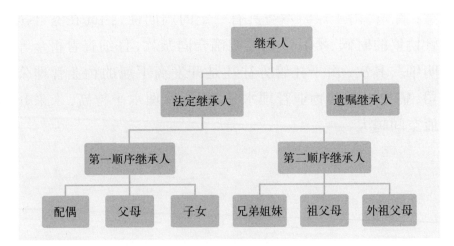

（一）继承人：依法继承财产的人。

（二）遗嘱继承人：遵照遗嘱享有继承遗嘱权的人。

（三）法定继承人：在没有有效遗嘱的情况下，依照法定继承方式继承遗产的人；继承开始后，由第一继承人继承；没有第一顺序继承人时，才由第二顺序继承人继承。

遗嘱类型

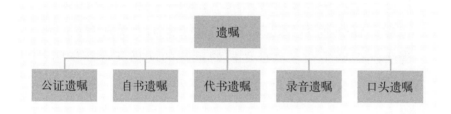

遗嘱共有五种形式。公证遗嘱效力最高，遗嘱以最后一份为主，有公正遗嘱的以公正遗嘱为主；遗嘱人须具备完全行为能力；立遗嘱必须是遗嘱人自愿行为，遗嘱必须反映其真实意思。

（一）公证遗嘱

公 证 遗 嘱	
定　义	遗嘱以公证方式设立
要　点	• 遗嘱人亲自至户籍所在地的公证机关申办 • 不能亲自办理，可要求公证机关委派公证员至遗嘱人所在地办理
提供材料	• 境内申请人：居民身份证、户口簿； • 境外申请人：护照或其他境外身份证件； • 涉及的财产凭证（如：房地产权证、存款证明、股权证明等）； • 遗嘱人的亲属关系证明及婚姻状况证明； • 指定遗嘱执行人的：提交执行人的身份证明

小案例

公证遗嘱前先确认具完全民事行为能力

王师傅在生前育有三个子女,在将子女养育成人长大,老伴离世后,王师傅又再婚,名下有一套房产属王师傅所有。在王师傅离世后,王师傅的再婚妻子出具了一份公证遗嘱要求办理房产继承,公证遗嘱中指明王师傅将房产留给再婚伴侣。王师傅的子女们表示反对,并申请法院调取父亲在离世之前的医院的就医及诊断证明,以证明其父的行为能力异常并不具备订立遗嘱的行为能力。

公证遗嘱虽然具有较高的法律效力,但是现实中患病老人的异常精神状态体现的可能并不明显,不足以引起公证员怀疑。因此,希望进行遗嘱订立的老人最好提前对行为能力进行司法鉴定,在确认具有完全民事行为能力之后再前往公证处进行公证。

(二)自书遗嘱

自 书 遗 嘱	
定　义	遗嘱人亲笔书写遗嘱并签名,注明年、月、日的遗嘱
要　点	• 必须遗嘱人亲笔写全文
	• 无须见证人

小案例

自书遗嘱应避免有歧义

　　王大妈共有三个孩子,老伴早年去世。王大妈在世时有三套房产均登记在他的名下。王大妈在去世之前曾自书遗嘱:"我和爱人一直住在三居室,二儿子一家对我们很好,我去世之后愿意把这房留给他们一家人,其他子女都分给两居室另过。"在王大妈去世后,二儿子认为除去父亲明确留给自己的那套三居室,对于另外两套房产父亲也只是给了其余兄弟姐妹的居住权,并没有写明产权,应按对剩下两套房屋执行法定继承程序。三个子女对遗嘱的意思表示产生了分歧,诉诸法院。在老人进行自书遗嘱时,应尽量保证语言表达言简意赅,避免矛盾纠纷,应列明分配方案。

　　自书遗嘱经老人亲笔书写并签字,是真实有效的。但是往往由于老人受教育水平限制或者缺乏专业法律知识,语言表达可能不精准专业。根据法院审理,认为老人自书遗愿是将三居室房产给二儿子,将剩余两套二居室房产分别给大儿子和小女儿继承。法院最终按照老人自书遗嘱处理三套房产。

(三)代书遗嘱

代 书 遗 嘱	
定　义	遗嘱人无法书写,口述内容委托他人代为书写的遗嘱
要　点	• 遗嘱人:口述内容;见证人:代替遗嘱人书写

续　表

要　点	• 见证人：至少两个人以上；其中一人可作代书人
	• 代书人、见证人、遗嘱人在遗嘱上签名、注明年、月、日
	• 代书人具有完全民事行为能力
	• 继承人，受遗赠人，与继承人、受遗赠人有利害关系的人，不能是代书人
	• 不能作为遗嘱见证人：无行为能力人、限制行为能力人；继承人；受遗赠人；与继承人、受遗赠人有利害关系的人

小案例

代书遗嘱谨慎选择见证人

朱大爷生前育有一子一女，朱大爷名下有一大一小两套房产，生前朱大爷曾在小张、小王两位见证人的见证下，立下代书遗嘱。遗嘱中说明将大套房产留给儿子，将小套房产留给女儿，并由朱大爷和两名见证人签名。对此，朱大爷女儿对代书遗嘱的真实性和合法性表示怀疑。

虽然朱大爷在代书遗嘱中签字，但是《继承法》规定，代书遗嘱的见证人不得与继承人有利害关系。经调查，见证人小张是朱大爷儿子的公司员工，朱大爷儿子所开公司负责给小张缴纳保险，小张与朱大爷儿子，也就是见证人与继承人之间存在一定的利害关系。不符合代书遗嘱法定形式，因此，房产需要按照法定继承方式进行处理。在此案例中可以看出，在进行代书遗嘱时，要谨慎选取见证人。应尽量避免选择继承人的亲朋好友，有条件的最好请专职律师进行见证并存档保留。

（四）录音遗嘱

录 音 遗 嘱	
定 义	遗嘱人口述,录音器材录制保存的遗嘱
要 点	• 为避免篡改或假制录音,需有两个以上见证人在场见证
	• 录音遗嘱制作完成应现场封存
	• 封口由见证人、遗嘱人签名盖章,注明年、月、日
	• 无行为能力人,限制行为能力人,继承人,受遗赠人,与继承人、受遗赠人有利害关系的人,不能作为遗嘱见证人

小案例

录音遗嘱应真实完整

钱老先生在老伴去世后,在保姆的照料下生活。他在离世后,其常年定居国外的独生女儿回来办理相关遗产继承手续。此时,长年照顾钱老先生的保姆拿出与钱老先生的结婚证,称二人已于钱老先生离世前办理婚姻登记,且钱老先生在生前已经以录音的方式立下遗嘱:将钱老先生名下的一套房产由保姆继承。钱老先生女儿对此提出异议,诉诸法院。

由于保姆提供的录音材料,是以三段音频形式存于手机中,并没有封存,此外,保姆并没有提供相关的见证人。录音材料的真实性和完整性存疑,不排除对录音材料进行了修改拼接,不足以认定钱老先生留下了真实有效的遗嘱。在保姆没有提交其他证据的情况下,房产应按照法定继承进行财产分割。

（五）口头遗嘱

口 头 遗 嘱	
定　义	在特殊情况下，遗嘱人以口头形式设立的遗嘱
要　点	• 口头遗嘱只能在"危急"情况下订立
	• 需有两个以上见证人在场见证
	• "危急"解除后，能以书面或录音形式立遗嘱的，之前口头遗嘱无效
	• 无行为能力人，限制行为能力人，继承人，受遗赠人，与继承人、受遗赠人有利害关系的人，不能作为遗嘱见证人

口头遗嘱要有两个以上见证人

孙老先生共生育有三个儿子，孙老先生生前由三个儿子轮流照看，孙老先生曾全款购置一套房产。由于孙老先生生前与大儿媳、二儿媳有矛盾，且对小儿子较为宠爱，于是孙老先生生前曾多次口头表示要将房产留给小儿子继承。在孙老先生去世后，小儿子诉诸法院，要求按照孙老先生生前的口头遗嘱进行财产继承。这样的口头承诺能生效吗？

首先，口头承诺只能在"危急"情况下订立，且有两个以上见证人在场。孙老先生小儿子主张的口头承诺并非在"危急"情形下订立，且除小儿子及其配偶外，也没有其他人在场见证，口头遗嘱的真实性无法认定。该房屋应按照法定继承进行分割。

遗嘱应该怎么写

遗嘱都包含什么内容

遗 嘱 内 容	
遗嘱人	姓名、年龄、性别等
	家庭情况
	订立原因
处分财产	处分财产的种类、数量、名称、所在地
	遗嘱处分的财产状况，如是否属于共有财产，财产是否存在抵押现象
	对财产及其他事物的处理意见
受益人	受益人姓名、年龄、性别等
其 他	遗嘱的份数、保留以及是否有执行人等；有遗嘱执行人的，应写明执行人的姓名、年龄、性别、住址等
	遗嘱制作的日期以及遗嘱人的签名

遗嘱需要具备什么实质要件

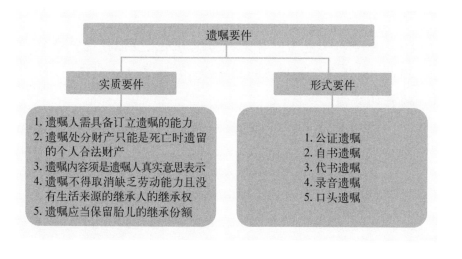

遗嘱要件

实质要件
1. 遗嘱人需具备订立遗嘱的能力
2. 遗嘱处分财产只能是死亡时遗留的个人合法财产
3. 遗嘱内容须是遗嘱人真实意思表示
4. 遗嘱不得取消缺乏劳动能力且没有生活来源的继承人的继承权
5. 遗嘱应当保留胎儿的继承份额

形式要件
1. 公证遗嘱
2. 自书遗嘱
3. 代书遗嘱
4. 录音遗嘱
5. 口头遗嘱

（一）遗嘱人需具备订立遗嘱的能力

小案例

遗嘱人需具备订立遗嘱能力

郭师傅生前在其朋友张师傅、陈师傅的见证下以代书遗嘱的形式立下遗嘱，写明将所有财产份额归妻子所有。在郭师傅去世后，其妻子及子女因一套房屋的继承问题诉至法院，郭师傅子女要求对系争房屋享有应有继承权，其妻子要求按照遗嘱继承房屋。法院受理此案，认定房屋应归属于郭师傅妻子及子女共同拥有。为什么房屋的继承权并没有按照郭师傅遗嘱所书，而是属于郭师傅妻子及子女共同拥有？

原来其子女向法院申诉李师傅在订立遗嘱时已经患有老年痴呆症，无法做出真实的意思表示，子女申请对立遗嘱时老人的行为能力进行司法鉴定。医院的鉴定结果显示，郭师傅在订立遗嘱患有老年痴呆症，受疾病影响，意思表示能力并不完全，被评定为限制民事行为能力。

限制行为能力或者无行为能力人所立的遗嘱无效。因此，郭师傅原先所立遗嘱无效，应按照法定继承进行遗产的分割。

（二）遗嘱处分财产只能是死亡时遗留的个人合法财产

小案例

遗嘱只可处分个人合法财产

张师傅生前订立遗嘱,遗嘱安排表明他将房产的继承权交给他的儿子。在张师傅去世之后,他的儿子准备按照遗嘱中的财产安排办理手续进行房产的继承。但是,在继承的过程中遭到张师傅女儿的反对,张师傅的女儿认为自己也享有房屋的继承权。兄妹俩向法院申请对这一遗产纠纷进行审理。法院审理认为,遗嘱存在明显问题,导致儿子并不能完全按照遗嘱安排进行继承。究竟是什么问题导致这一继承纠纷呢?张师傅将共同财产与个人财产混为一谈,导致遗嘱无效。

张师傅虽然在遗嘱里表示,指定房产由其儿子继承,但是这套房产在法律上属于夫妻共有财产,并非张师傅的个人财产,而在张师傅订立的遗嘱上并没有张师傅妻子的签名,可以理解为,张师傅将属于夫妻共同财产的房产当作个人财产进行了处置,即使张师傅明确表达了他的意愿是房产由儿子继承,张师傅也仅仅有权处置属于他自己的那一部分份额。

（三）遗嘱内容须是遗嘱人真实意思表示

小案例

遗嘱内容须是遗嘱人的真实意思

陈师傅生前订立遗嘱，对财产进行了划分。陈师傅有两个儿子，遗嘱由大儿子进行保管，大儿子利用自己保管遗嘱的便利对遗嘱进行了部分内容的篡改。在分割财产时，小儿子对遗嘱的真实性产生了质疑，要求到相关部门进行鉴定，鉴定结果显示遗嘱被篡改，不能完全按照遗嘱内容进行财产分割。

违背遗嘱人的真实意思，受胁迫、欺骗所立的遗嘱及伪造的遗嘱无效；遗嘱被篡改的，篡改的内容无效。因此，陈师傅所立遗嘱被篡改的部分无效，没有被篡改的内容仍然有效。

小案例

受胁迫所立遗嘱无效

李师傅膝下有三个孩子，李师傅在世时表示，自己离世之后子女们将平分财产，但是，大儿子对李师傅的财产分配心有不甘，他认为自己作为大儿子应享有全部遗产，于是逼迫李师傅立下所有遗产归属于他的遗嘱。那么，李师傅被迫写下的遗嘱是否有效呢？

遗嘱必须反映遗嘱人的真实意思表示，受胁迫所立遗嘱无效。因此这份在胁迫下签订的遗嘱无效。

（四）遗嘱不得取消缺乏劳动能力且没有生活来源的继承人的继承权

小案例

遗嘱应保留缺乏劳动能力和没有生活来源的继承人的份额

周师傅生前曾经有过两段婚姻，周师傅和前妻育有一女尚未成年，周师傅和前妻离婚后再婚生了一个儿子，在周师傅离世前，立下遗嘱，指明全部财产均由其儿子继承。在周师傅离世后，其前妻对女儿的继承权进行申诉，要求重新进行财产分配。

遗嘱应为缺乏劳动能力又没有生活来源的继承人保留必要遗产份额。这一规定属于《继承法》强行性规定，如果遗嘱中取消这一应有继承权，那么遗嘱不能有效。周师傅和前妻所生的女儿，目前属于未成年，没有生活来源，遗嘱中应为她保留必要的遗产份额。应从遗产中扣除该类继承人的份额后，再由继承人继承。

（五）遗嘱须为胎儿保留必要的继承份额

小案例

应为胎儿保留继承份额

吴师傅膝下有两个孩子，吴师傅的小儿子因一场意外事故离世。意外发生时小儿子的妻子已经怀有数月身

孕。同年，由于突发疾病吴师傅也不幸离世。吴师傅在离世时留下一套房产，吴师傅的大儿子准备办理继承房屋手续。对此，小儿子的妻子提出异议，认为肚子里的孩子也享有一定的继承权。对此，大儿子表示反对，认为弟弟已经去世，弟媳腹中胎儿不具有继承权。由于存在异议，小儿子的妻子诉诸法院，申请保护腹中胎儿的权益。

根据我国《继承法》，胎儿虽然没有继承权，当时应当为胎儿保留必要的继承份额。因此，吴师傅儿媳腹中的胎儿应享有一定的继承份额。

财富传承还有哪些方式

财富传承的方式多种多样，除遗嘱之外，目前还存在信托、保险等财富传承方式。

信托

（一）信托的财富传承方式

委托人 ➡ 信托投资公司 ➡ 继承人

随着经济水平的提高及理财规划意识的完善，当代人的财富传承已经不仅仅是简单的财产继承，而是一个全面的财富规划过程，设立家族信托进行财富传承逐渐成为一种选择。信托，顾名思义，信托就是因为信任，所以托付。委托人将资

产委托给信托公司,并与信托公司签订合约,由信托公司对资产进行打理,继而将收益支付给受益人(继承人)的过程。

小案例

财富传承委托给信托机构

何老先生希望通过信托方式将自己的财富传承给他的儿子,他找到信托机构,与信托机构订立合同,如委托人确定将哪些资产信托作为信托进行管理,信托公司将如何对这些财产进行管理,并确定将收益支付给谁等。何老先生可以将其儿子指定为受益人,信托公司将运作财产,把其中的收益逐渐支付给继承人。

(二)信托传承特点

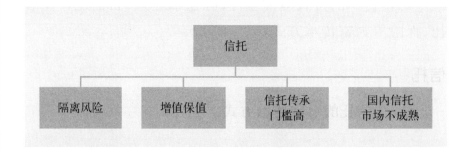

1. 隔离风险
(1)隔离委托人债务及破产风险

信托传承的风险隔离主要是指把财产从委托人名下剥离出去,被剥离出的财产不会受到委托人的债务及破产风险的影响。在设立信托之后,财产从委托人名下剥离,从而隔离风险。

（2）隔离受托人经营风险

信托公司需要对不同委托人的资产,分别建立账户进行管理,信托公司并不直接经手委托人的财产,委托人的资产是交由商业银行进行托管,受托人（信托公司）本身的经营风险是不能干涉客户的资产,因此受托人与委托人之间也进行了风险隔离。

（3）隔离受益人的债务及破产风险

受益人享有从信托计划中获取利益的权利,受益人的债务和破产风险无权追索到设立信托的资产。

2. 保值增值

信托公司会对委托人的资产进行专业运作,使资产在保值的同时实现增值。

3. 信托传承门槛较高

目前信托传承门槛较高,主要针对高净值人士。

4. 我国信托市场尚不成熟

我国信托市场并不成熟,民事信托虽然市场需求较大,但仍然处于起步阶段,而海外信托存在一定的风险。

保险

（一）保险的财富传承方式

投保人 ➡ 保险公司 ➡ 继承人

保险作为较为常见的一种资产传承方式,已经逐渐被推广开来。投保人可以向保险公司购买人寿保险,指定保单身故受益人（继承人）,在投保人身故后,受益人可领取身故受益金。保险金可以选择一次性领取现金、定期领取收益、定额领取收益、终身领取收益等方式。

小案例

人寿保险的财产传承

　　吕老先生希望通过保险向其儿子进行财富传承，吕老先生可以为自己购买一份人寿保险，被保险人是吕老先生本人，指定儿子作为受益人，这样吕老先生在身故后就将财产直接传承给了他的儿子，这一方式就是人寿保险进行财产传承的方式。

（二）保险传承特点

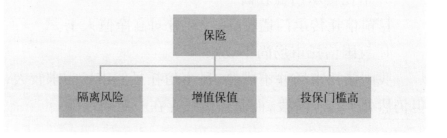

1. 隔离风险

　　人身保险的保险金具有不被冻结查封、不被罚没、不纳入破产债权、不得强制还债。保险金属于受益人的个人财产。

2. 保值增值

　　保险的保值增值不同于信托的增值保值，保险的保值增值体现在以小博大上，比如用几十万元的保费换取几百万元的保额，这种扩张效果是比较大的，在这种情况下，投保人的传承基数就会变大。

3. 投保门槛高

　　被保险人一般需要通过健康体检，如果体检不通过可能会拒保。投保人的年龄有时根据投保产品的不同也会受到限制。被保险人还需要通过财务核保，核保人员会结合客户实际情况评估投保金额、缴费能力等是否合理。

财富传承方式对比小结

功能	遗嘱	信托	保险
资产类型	所有类型资产	全部类型资产（现金为主）	现金及其他可变现资产
财产保值	保持资产原有额度，但有损耗可能	保值增值	保值增值
	如需进行继承权公证，需支付公证费；如果产生纠纷，需承担较高诉讼成本，如诉讼费、律师费，造成财产减少	信托公司会进行专业资产管理，实现资产增值	• 人寿保险：固定承诺的保障责任或生存给付 • 分红保险：按证监会规定履行分红
债务隔离	不能隔离债务	可以隔离债务，恶意避债除外	无须偿还长辈债务，恶意投保除外
财产所有人意愿	不能完全保证	最大可能保证	最大可能保证
	存在被伪造、修改的风险，存在事实无法查清的风险	委托人可以直接指定受益人	投保人直接指定受益人
税收成本	目前我国并未开征遗产税	暂无强制征收	无税费，以保险金形式留下的资产具有排他性，不会被征收遗产税
保密性	办理继承须公开	保密	保密
时效性	遗嘱执行需要经历较长法定程序，涉及诉讼更会拉长战线	手续办理简单，较快完成传承	提交证明材料，数天内办理手续，较快拿到保险赔款实现资产传承

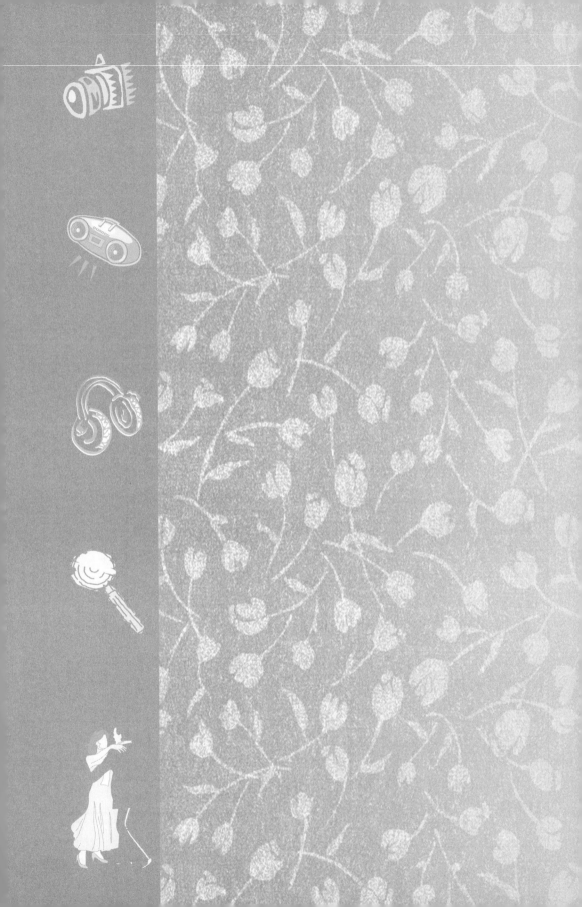

后 记

　　与年轻人相比,老年人的经历和阅历更加丰富,他们的观念更趋传统,更加节俭。统计数据表明,老年人理财比例较高,而且金额也不小,成了"理财"的主力军。老年人理财的主要原因有:一是通过理财提升晚年生活质量;二是减轻儿女的生活负担;三是投资理财是退休生活乐趣的一部分。然而,在投资理财过程中,由于老年人缺乏理财知识、爱贪小便宜、过于轻信他人等原因,再加上骗子手段多样,隐蔽性很强,使得老年人屡屡被骗。因此,从老年人理财的特点和需求出发,用通俗易懂的语言,丰富有趣的图片以及实用精辟的案例教会老年人在高新技术发展的当今如何理财很有必要和意义。

　　《智慧理财》就是针对老年人理财而编著的一本通俗读物。本书包括5篇,从理财概要,银行理财,基金及有价证券理财,信托、外汇与黄金理财以及其他理财五大类型的投资进行介绍。本书因为针对老年人投资编著,投资类型并没有囊括所有的投资;同时伴随经济的发展,投资类型有可能会发生变化。为了便于老年人迅速捕捉到理财知识,在安排每章内容时,首先对理财种类进行简要介绍,便于老年人了解理财类型;然后对每类理财的特点进行分析,让老年人熟悉理财的优点和缺点,做到心中有数;最后,用简洁明晰的语言介绍老年人理财的步骤和程序,方便老年人理财的实务操作。希望本书能够提升老年人理财的乐趣和质量。

由于时间及资料所限,本书难免有疏漏之处,敬请读者指正。

编 者

2019 年 10 月

图书在版编目（CIP）数据

智慧理财 / 方慧编著. —上海：上海科学普及出版社，2019
（老年健康生活丛书 / 陈积芳主编）
ISBN 978-7-5427-7636-5

Ⅰ.①智… Ⅱ.①方… Ⅲ.①财务管理-通俗读物 Ⅳ.①TS976.15-49

中国版本图书馆CIP数据核字（2019）第195742号

策划统筹　蒋惠雍
责任编辑　柴日奕
装帧设计　赵　斌
绘　　画　余柏年

《智慧理财》书中选用的图片有部分未能取得版权信息，请图片版权方见
书后与出版社取得联系（联系电话：021-56553579）。

智慧理财

方　慧　编著

上海科学普及出版社出版发行

（上海中山北路832号　邮政编码200070）

http://www.pspsh.com

各地新华书店经销　　上海盛通时代印刷有限公司印刷

开本　710×1000　1/16　印张 13.625　字数 150 000

2019年11月第1版　　2019年11月第1次印刷

ISBN 978-7-5427-7636-5

定价：39.00元

本书如有缺页、错装或坏损等严重质量问题

请向工厂联系调换

联系电话：021-37910000